ABHANDLUNGEN DER DEUTSCHEN AKADEMIE
DER WISSENSCHAFTEN ZU BERLIN

Klasse für Chemie, Geologie und Biologie

Jahrgang 1958 Nr. 7

DR. GÜNTER MÖBUS

DER „SYENIT“ VON PLOWDIW IN BULGARIEN

Abhandlungen zur Geotektonik Nr. 17

Herausgegeben vom

Geotektonischen Institut der Akademie

AKADEMIE-VERLAG · BERLIN

1959

Vorgelegt von Hrn. DEUBEL in der Klassensitzung vom 22. Mai 1958
Zum Druck genehmigt am gleichen Tage, ausgegeben am 31. Januar 1959

Erschienen im Akademie-Verlag GmbH, Berlin W 8, Mohrenstraße 39

Lizenz-Nr. 202 · 100/537/59
Kartengenehmigung: MdI der DDR, Nr. 4274
Gesamtherstellung: VEB Druckerei „Thomas Müntzer" Bad Langensalza
Bestell- und Verlagsnummer: 2001/58/II/7
Preis: DM 5,70
Printed in Germany
ES 18 F 3

INHALTSVERZEICHNIS

1. Vorwort

Auf Einladung der Bulgarischen Akademie für Wissenschaften besuchten im Sommer 1956 Angehörige des Geotektonischen Institutes der Deutschen Akademie der Wissenschaften zu Berlin unter der Leitung von Prof. Dr. Dr. h. c. S. v. Bubnoff Bulgarien. Während des Aufenthaltes führte der Verfasser zusammen mit Dipl.-Geol. G. Schwab eine petrographisch-tektonische Aufnahme des „Syenits von Plowdiw" durch, eines räumlich eng begrenzten Vorkommens, dessen Begehung in der zur Verfügung stehenden Zeit abgeschlossen werden konnte.

Herr Akademiker Prof. Str. Dimitroff ermöglichte als Direktor des Geologischen Institutes bei der Bulgarischen Akademie für Wissenschaften die praktische Durchführung der Untersuchung und gab wertvolle Hinweise. Auf seine Veranlassung begleitete uns Frl. Janeva als Dolmetscherin, die uns nicht nur bei der Verständigung mit der einheimischen Bevölkerung, sondern auch bei der Aufzeichnung der Geländenotizen eine wertvolle Hilfe war. Die Schwermineralanalyse übernahm freundlicherweise Dipl.-Geol. S. Diener vom Geologisch-Paläontologischen Institut der Humboldt-Universität zu Berlin.

Allen, die zur Durchführung der Arbeit beigetragen haben, möchte ich herzlich danken. Die Auswertung der Geländebeobachtungen erfolgte durch den Verfasser am Geotektonischen Institut der Deutschen Akademie der Wissenschaften zu Berlin. Im Sommer 1957 konnte anläßlich eines zweiten Aufenthaltes in Bulgarien eine Nachbegehung des bearbeiteten Gebietes durchgeführt werden.

2. Einführung in das Untersuchungsgebiet

Plowdiw ist mit etwa 125000 Einwohnern (1953) die zweitgrößte Stadt Bulgariens und liegt ungefähr 130 km südöstlich von Sofia an der Marica. Der Fluß durchquert in diesem Gebiet die weite Thrakische Ebene, die, geologisch betrachtet, aus Sedimenten des Pliozäns und Quartärs besteht, welche sämtliche älteren Gesteine zwischen dem Grundgebirge der Rhodopen im Süden und der Sredna Gora im Norden verhüllen (s. Abb. 1). Lediglich in Plowdiw, 12 km von dem Gebirgsrand der Rhodopen entfernt, erheben sich unvermittelt einige Berge bis 90 m aus der Ebene heraus und verleihen dem Ort einen besonderen Charakter (s. Bild 1)[1].

Die Stadt gehört zu den ältesten Städten Bulgariens und verdankt ihre frühe Gründung im Jahre 340 v. d. Z. durch Philipp II. von Mazedonien den genannten Erhebungen, die in der Thrakischen Ebene die Anlage einer leicht zu verteidigenden Siedlung ermöglichten. Die Römer nannten die Stadt Trimontium, da die älteste Siedlung auf einem Berge lag (Dzambas Tepe[2]); s. Abb. 2), der drei Kuppen besaß, von denen eine heute dem Steinbruchsbetrieb zum Opfer gefallen ist. Später war der Name Philippopel — nach dem Gründer der Stadt (s. o.) — in Gebrauch, der erst in jüngerer Zeit durch die Stadtbezeichnung Plowdiw ersetzt wurde.

Im einzelnen sind es vier Berge (türkisch: Tepe), die in Nordost—Südwest-Richtung aufeinander folgen und die sämtlich oberflächlich durch quartäre Sedimente voneinander getrennt werden, unter der Oberfläche jedoch miteinander in Verbindung stehen. Der südwestlichste Berg, der Dzendem Tepe, ist mit 283 m ü. NN der höchste (s. Abb. 2). Die Höhe nimmt nach Nordwesten über den Banardzik Tepe (234 m) und den Sahat Tepe (212 m)

---

[1]) Sämtliche Bilder befinden sich auf den Tafeln im Anhang.

[2]) Schreibweise nach Gellert (1937).

zum Dzambaz Tepe bis auf 200 m ü. NN ab. Der nordwestlichste Berg, der Dzambaz Tepe, von dem die Stadtgründung ausging, ist vollkommen bebaut, während die anderen Erhebungen nur spärlich besiedelt sind. Auf der Kuppe trägt der Sahat Tepe seit alten Zeiten einen Uhrenturm (türkisch: Sahat = Uhr), auf dem Banardzik Tepe sind Denkmäler (1878, 1945) errichtet und auf dem höchsten Berg, dem Dzendem Tepe, ist eine meteorologische Station zu finden. Soweit keine Felswände frei liegen, werden die Erhebungen von einem niedrigen Laubwald bewachsen.

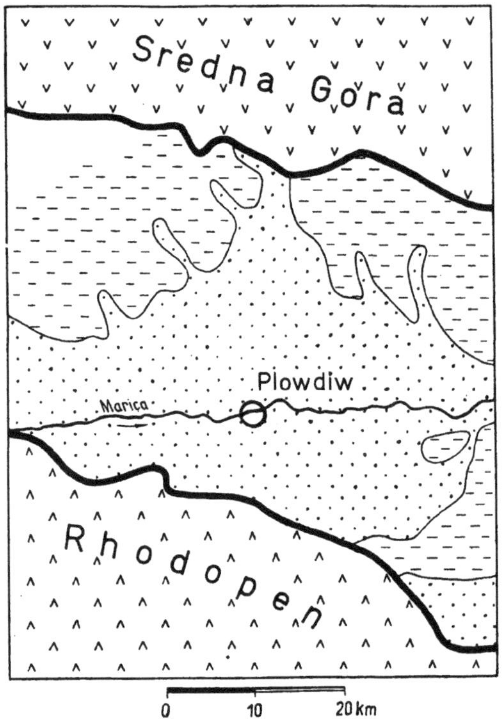

Abb. 1. Zur geologischen Lage von Plowdiw. Plowdiw liegt zwischen dem Grundgebirge der Sredna Gora und dem der Rhodopen in der weiten Thrakischen Ebene, die aus Sedimenten des Quartärs (*punktiert*) und des Pliozäns (*gestrichelt*) besteht.
Gezeichnet nach der Geologischen Karte von Bulgarien im Maßstab 1:500000.

Das Gestein, aus welchem sämtliche vier Berge bestehen, wird in der Literatur als „Syenit" bezeichnet. Neuere Untersuchungen (NIKOLOW 1932, ROZLOZSNIK 1939), sowie die eigenen Befunde ergaben, daß diese Gesteinsbezeichnung nicht der petrographischen Nomenklatur entspricht. Im Abschnitt „Petrographische Gesteinsbestimmung" wird näher darauf eingegangen. Vorerst soll der im Schrifttum eingeführte Name „Syenit von Plowdiw" beibehalten werden.

Da das Vorkommen eine sehr auffällige Lage besitzt, ist es bereits frühzeitig beschrieben worden (BOUÉ 1840). Nach den Angaben des bulgarischen Bearbeiters NIKOLOW (1932) haben sich viele damit beschäftigt, die zu geologischen Forschungen in Bulgarien weilten, so VIQUESNEL (1868), v. HOCHSTETTER (1870), PELZ (1879), SANNER (1885) und in jüngerer Zeit ROZLOZSNIK (1939), sowie W. E. PETRASCHEK (1942). NIKOLOW betont jedoch, daß dies nicht bedeutet, daß die Forschungen darüber ausreichend sind. So wurde das Vorkommen vorzugsweise petrographisch-chemisch betrachtet, nur PETRASCHEK geht in einem kurzen Absatz auf die Tektonik ein.

In der vorliegenden Abhandlung versucht der Verfasser auf Grund petrographischer und tektonischer Untersuchungen unter Verwendung neuerer Arbeitsmethoden (Magmentektonik, Korngefüge-Analyse) den Werdegang des Gesteins von dessen Bildung bis zu den Bewegungen zu verfolgen, die es nach seiner Verfestigung noch betroffen haben, in Anlehnung an die Arbeitsmethodik, die v. BUBNOFF (1950/51) zur strukturellen Analyse von Plutonen entwickelte.

3. Megaskopische Gesteinsbeschreibung

Im „Syenit" sind die wichtigsten Gemengteile, nämlich Feldspate, Hornblende und Quarz, mit dem bloßen Auge zu erkennen (s. Bild 2). Die braunschwarze Hornblende zeigt unregelmäßige bis leistenförmige Umrisse. Plagioklas und Kalifeldspat sind im Handstück nicht immer deutlich voneinander zu unterscheiden. Der Kalknatronfeldspat sieht grau bis milchigweiß aus. Die einzelnen meist nicht idiomorphen Körner haben in der Regel Durchmesser von 2—3 mm. Vereinzelt können die Plagioklase auch größer werden. In der Regel stellt jedoch der Kalifeldspat die größte Gefügekomponente dar, dessen gelbsepiafarbene annähernd idiomorphe Umrisse im Anschnitt 6 × 8 mm Fläche und darüber einnehmen. In einzelnen Gesteinsbereichen treten die Kalifeldspatkörner besonders deutlich hervor, so daß das Gestein in einer mittelkörnigen Grundmasse zahlreiche grobkörnige Einsprenglinge enthält. Die grau

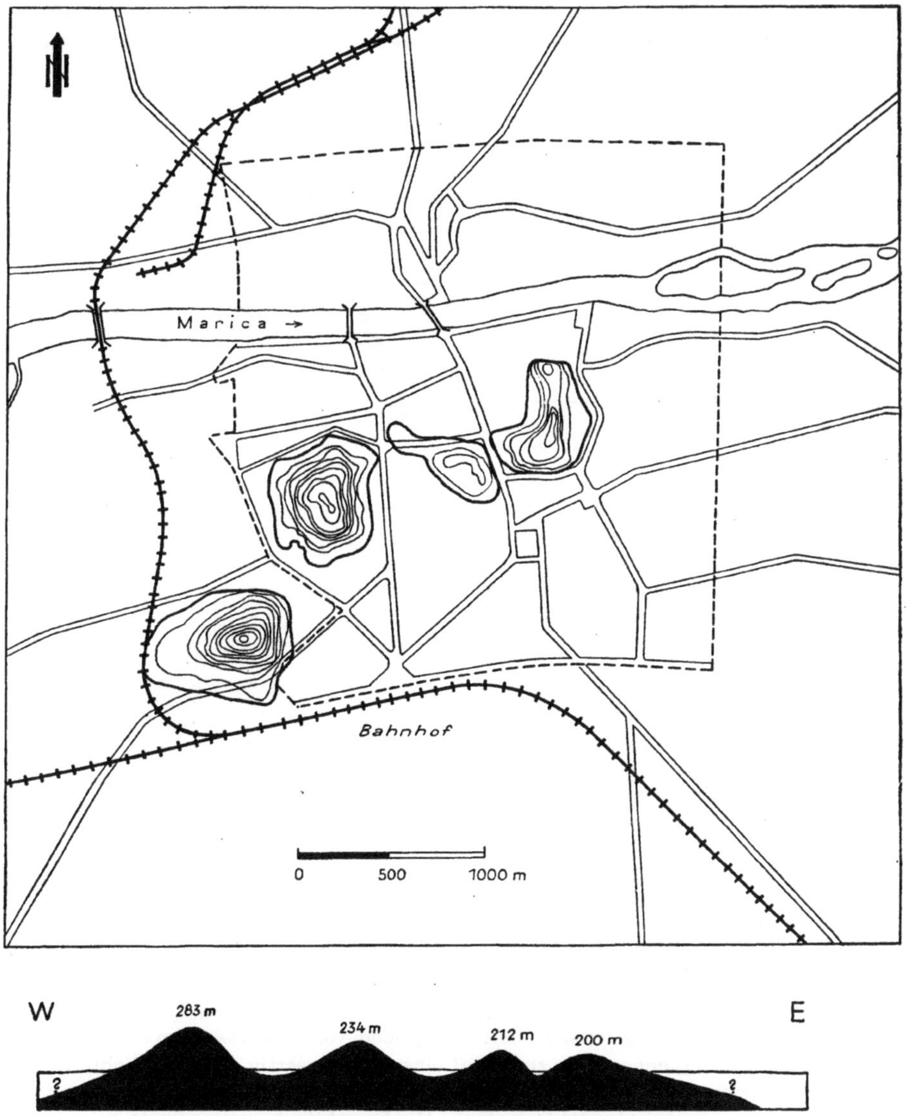

Abb. 2. Die Lage der „Syenit"-Erhebungen in Plowdiw.
Der „Syenit" durchragt in vier Erhebungen, die oberflächlich nicht miteinander in Verbindung stehen, quartäre Ablagerungen.
Gezeichnet nach GELLERT (1937).

bis milchigweißen Plagioklase zusammen mit den dunklen Hornblenden bilden in diesem Fall ein Maschenwerk, in dessen Zwickeln die größeren Kalifeldspate liegen. Quarz ist in rauchgrauen Körnern zwischen den Feldspaten und der Hornblende zu erkennen.

Mit dem bloßen Auge, noch besser mit einer Lupe, sind des öfteren kleine gelblichbraune Titanitkristalle (Durchmesser 1 bis 2 mm) zu bemerken. Weitere Mineralien sind erst unter dem Mikroskop festzustellen (s. „Mikroskopische Mineralbeschreibung").

Der „Syenit" ist an den Berghängen und in alten Steinbrüchen gut aufgeschlossen und zeigt in der Regel ein sehr frisches Aussehen. Zur Zeit (1956/57) geht der Abbau, der bereits von den Griechen und Römern betrieben wurde, nur noch in größerem Umfange in einem Steinbruch am Dzendem Tepe um. Die anderen Betriebe sind stillgelegt, um die Berge, die wesentlich zur Schönheit der Stadt beitragen, nicht noch weiter zu vernichten (NIKOLOW 1932).

In dem „Syenit" können im Gelände unterschieden werden: Einschlüsse[2]), Schlieren[2]), feinkörnige Ganggesteine und Pegmatite (s. Abb. 3).

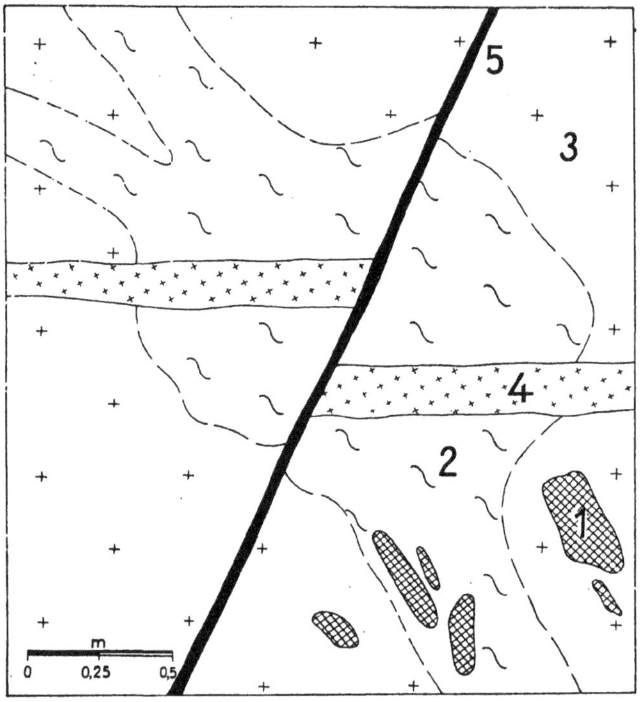

Abb. 3. Die Gesteinsausbildungen im Untersuchungsbereich (Schemazeichnung). Im „Syenit" (*3*) sind mit deutlichen Umrissen Einschlüsse (*1*) und mit unscharfen Begrenzungen Schlieren (*2*) zu erkennen. Durchsetzt werden diese Bildungen von feinkörnigen Gängen (*4*) und Pegmatitadern (*5*)

Die Einschlüsse zeichnen sich durch scharfe Grenzen zum benachbarten „Syenit" aus. Sie sind meist feinkörnig[3]) und von dunkelblaugrauer Farbe. Mit dem bloßen Auge sind zwischen den dunklen Mineralien weißlichgraue Feldspate zu erkennen, die zum Teil einsprenglingsartig in einer dichteren Grundmasse liegen. Das Gestein macht megaskopisch den Eindruck eines Hornfelses, eine Vermutung, die durch die mikroskopische Analyse bestätigt wird (s. unten). Die Einschlüsse werden im Durchschnitt faust- bis kopfgroß. Das Verhältnis der kürzesten zur längsten Achse, gemessen an Anschnitten auf Flächen verschiedener Raumlage, liegt bei 1:2 bis 1:3 (s. Abb. 4).

Neben den dunklen Einschlüssen, die im megaskopischen Erscheinungsbild im ganzen Gebiet keine wesentlichen Unterschiede aufweisen, kommen untergeordnet hellgrau aussehende Einschlüsse vor. Sie sind ebenfalls feinkörnig. In ihnen treten die dunklen Gemengteile zu Gunsten der weißlichgrauen Feldspate zurück.

Die Schlieren zeigen randlich Übergänge zum umgebenden „Syenit". Räumlich nehmen sie größere Bereiche ein als die meist nur kopfgroßen Einschlüsse. Sie erreichen oft mehrere Kubikmeter Ausdehnung.

---

[2]) Der Ausdruck Einschluß und Schliere wird hier beschreibend für nicht gangähnliche Einlagerungen in einer Hauptgesteinsausbildung gebraucht.

[3]) Sämtliche Körnigkeitsbezeichnungen nach der Nomenklatur von TEUSCHER in der von NIGGLI (1948) gegebenen Fassung.

Ihre Struktur kann feinkörnig sein — wie die der Einschlüsse — oft werden die einzelnen Mineralien jedoch größer, so daß Übergänge zum eigentlichen „Syenit“ bestehen. Im Extremfall sind die Schlieren in der Hauptgesteinsausbildung nur noch palimpsestartig angedeutet. Wie bei den Einschlüssen gibt es überwiegend dunkle, seltener hellgrau aussehende Varietäten. Die Schlieren sind nicht so häufig wie die Einschlüsse, die auch innerhalb der Schlieren zu finden sind. Im Gelände ist zu beobachten, daß die Schlieren manchmal in feinkörnige Gänge übergehen.

Die meisten feinkörnigen Ganggesteine ähneln in ihrer Ausbildung den hellgrauen Schlieren zu denen Übergänge bestehen, nur selten gleichen sie den Schlieren von dunkler Farbe. Die Salbänder sind

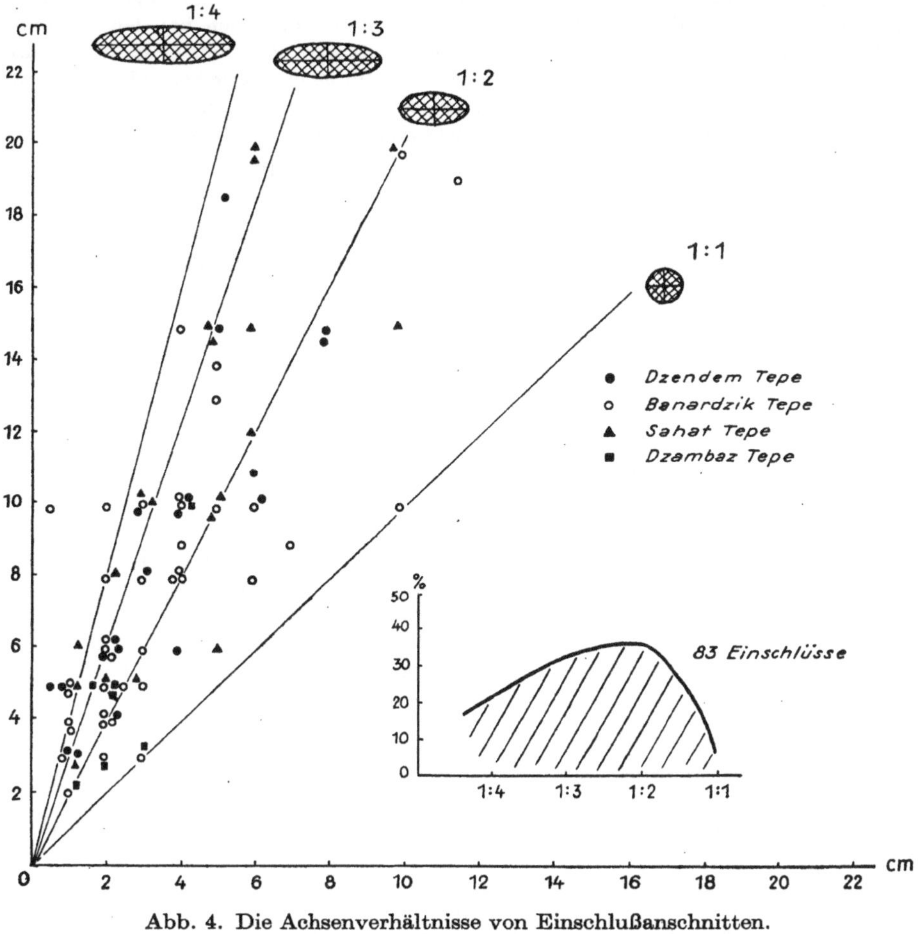

Abb. 4. Die Achsenverhältnisse von Einschlußanschnitten.
Auf Flächen verschiedener Raumlage wurden im Bereich der vier „Syenit“-Erhebungen die jeweils längste und kürzeste Achse von Einschlüssen gemessen. Die Auswertung zeigt, daß Anschnittformen überwiegen, deren kürzeste und längste Achse sich zueinander wie 1:2 bis 1:3 verhalten.

oft nicht scharf. Die Mächtigkeiten liegen in der Regel bei 10 cm, gelegentlich wurden solche von 10—50 cm beobachtet, wobei diese Gänge jedoch stets nach wenigen Metern im Streichen rasch an Mächtigkeit verlieren und auskeilen. Überhaupt zeigen sämtliche Gänge, auch die geringmächtigen, im Streichen keine weite Erstreckung.

Die Pegmatite sind nach dem Geländebefund die jüngsten Bildungen. Sie durchsetzen alle bisher genannten Gesteinsausbildungen. Ihre Mächtigkeit liegt fast stets unter 5 cm. Das Streichen wechselt, zum Teil im Bereich weniger Meter. In der Regel sind sie nicht durchgehend zu verfolgen. Sie treten allein auf, oder begleiten die feinkörnigen Gänge an einem Salband. Gelegentlich wurde beobachtet, daß die Pegmatite Spalten aufsitzen, an denen ein Versatz erfolgte, ohne daß sie selbst eine Beanspruchung zeigen (vgl. Abb. 3).

4. Modale Gesteinszusammensetzung

Zwischen Einschlüssen und Schlieren, zwischen Schlieren und Hauptgesteinsausbildung („Syenit"), sowie zwischen Schlieren und feinkörnigen Ganggesteinen bestehen Übergänge. Um die Beziehungen der Ausbildungen zueinander quantitativ zu erfassen, wurde ihre modale Zusammensetzung durch Integration der Hauptgemengteile mit Hilfe eines Leitzschen Integrationstisches bestimmt.

Es wurden nur die wichtigsten Gemengteile und zwar Mafite (im wesentlichen Hornblende, daneben Titanit und Erze), Plagioklas, Kalifeldspat und Quarz erfaßt. Interngefüge in den genannten Mineralien blieben unberücksichtigt. Die Über- und Nebengemengeteile — außer den bei den Mafiten erfassten Titanit und Erzen — wurden zu ihren Wirtskörnern gerechnet, bzw. dort hinzugezählt, wo ihre größere Fläche anliegt. Bei den fein- bis kleinkörnigen Typen fanden für einen angegebenen Integrationswert ein, zum Teil auch zwei Dünnschliffe Verwendung. Für jede modale Angabe über die Zusammensetzung des „Syenits" wurden sechs Dünnschliffe benutzt, die stets paarweise senkrecht zueinander orientiert sind.

Die Ergebnisse der Integrationen sind in Tabelle 1 angeführt und in Abb. 5 graphisch dargestellt.

Der Plagioklasgehalt der feinkörnigen Einschlüsse (Integration 1 auf Tab. 1 und Abb. 5) liegt bei 55 Vol.-%. Der Mafitanteil beträgt etwa 38 Vol.-%. Auf ihn ist die dunkle Farbe dieser Einlagerungen zurückzuführen. Kalifeldspat ist sehr untergeordnet an der Zusammensetzung beteiligt (unter 10 Vol.-%), Quarz fehlt.

Tabelle 1. Ergebnisse von modalen Integrationen an den verschiedenen Gesteinsausbildungen des Untersuchungsbereiches in Volumenprozenten

Integration	Gesteinsausbildung	Örtlichkeit	Hauptgemengteile				Mafite			Indikatrixlänge
			Plagioklas	Kalifeldspat	Quarz	Mafite (Farbzahl)	Hornblende	Titanit	Erze	
1	dklblaugrau. Einschluß	Sahat Tepe	55,0	6,7	—	38,3	32,9	1,9	3,5	514,8
2	dklblaugrau. Einschluß	Sahat Tepe	63,5	2,7	—	33,8	31,8	0,7	1,3	545,3
3	dklblaugrau. Einschluß	Dzendem Tepe	72,0	4,8	—	23,2	21,0	0,4	1,8	610,6
4	dklblaugrau. Einschluß	Dzendem Tepe	75,2	10,9	1,5	12,4	9,4	1,0	2,0	643,0
5	hellgrauer Einschluß	Dzambaz Tepe	75,5	18,6	1,1	4,8	3,2	0,4	1,2	617,0
6	dunkelgraue Schliere	Dzendem Tepe	65,0	21,7	4,1	9,2	7,6	0,5	1,1	504,1
7	dunkelgraue Schliere	Dzendem Tepe	58,0	27,0	5,0	10,0	7,4	1,1	1,6	622,3
8	hellgraue Schliere	Dzendem Tepe	51,5	28,0	17,5	3,0	2,2	0,3	0,5	651,1
9	„Syenit"	Dzendem Tepe	52,5	31,5	6,7	9,3	7,5	0,4	1,4	1856,2
10	„Syenit"	Banardzik Tepe	48,8	31,0	8,8	11,4	9,0	0,9	1,5	2041,6
11	„Syenit"	Sahat Tepe	49,0	29,3	8,7	13,0	10,2	0,8	2,0	1998,8
12	„Syenit"	Dzambaz Tepe	49,0	29,6	11,6	9,8	7,5	0,9	1,4	2106,1
9—12	„Syenit"	Mittelwerte	49,8	30,3	9,0	10,9	8,5	0,8	1,6	—
13	hellgrauer feinkörniger Gang	Banardzik Tepe	53,5	24,0	20,0	2,5	1,5	0,3	0,7	648,7
14	hellgrauer feinkörniger Gang	Dzendem Tepe	47,5	28,0	23,0	1,5	0,8	0,2	0,6	642,6
15	Pegmatit	Banardzik Tepe	3,5	56,5	40,0	—	—	—	—	551,0

In dem Maße, wie sich die Ausbildung der Einschlüsse durch Kornvergröberung der der Schlieren nähert (Integration 2—4), nimmt der Plagioklasgehalt zu, um im Höchstfalle bis etwa 75 Vol.-% anzusteigen. Der Anteil an Mafiten sinkt ständig, von etwa 35 Vol.-% bis auf ungefähr 12 Vol.-%. Kalifeldspat tritt im Dünnschliffbild immer deutlicher in Erscheinung.

Im Bereich der dunklen Schlieren vollzieht sich ein Wechsel in der modalen Zusammensetzung. Der Anteil des Plagioklases nimmt ab, dafür werden die Kalifeldspatwerte größer. Der Mafitgehalt liegt bei 10 Vol.-%. Quarz macht sich im Gefügebestand erstmalig bemerkbar.

In dem Hauptgestein, dem „Syenit“, liegt der Plagioklasgehalt bei 50 Vol.-% und der Kalifeldspatanteil bei 30 Vol.-%. Die Mafit- und Quarzbeteiligung beträgt jeweils etwa 10 Vol.-%.

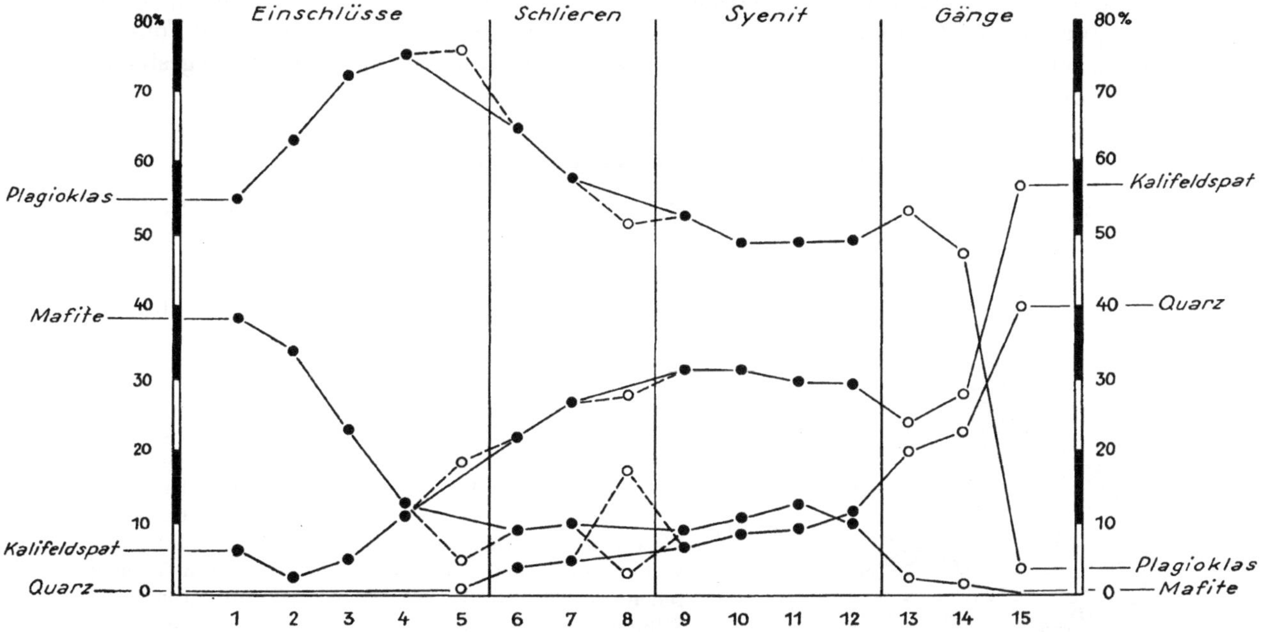

Abb. 5. Ergebnisse der modalen Integration der Hauptgemengteile von Einschlüssen, Schlieren, „Syenit“ und Ganggesteinen.

In den Einschlüssen nimmt der Plagioklasgehalt zu, je mehr diese in ihrer Ausbildung den Schlieren ähnlicher werden. Im Bereich der Schlieren geht der Plagioklasgehalt zurück und beträgt in der Hauptgesteinsausbildung, dem „Syenit“, nur etwa 50 Vol.-%. Der Kalifeldspatanteil steigt von ungefähr 5% in den Einschlüssen bis auf etwa 30 Vol.-% im „Syenit“ an. Der Gehalt an Mafiten ist in den Einschlüssen am größten. Quarz tritt nur in den Ganggesteinen mit über 10 Vol.-% in Erscheinung.

Ausgefüllte Kreise: Gesteinsausbildungen von dunkelblaugrauem Aussehen. *Nicht ausgefüllte Kreise:* Gesteinsausbildungen von hellgrauer Farbe.

Die grauen Einschlüsse bzw. Schlieren (Integration 5 u. 8) haben einen geringeren Gehalt an Mafiten als die häufigeren dunklen Einlagerungen. Der Quarzanteil ist bei ihnen größer.

Die grauen feinkörnigen Ganggesteine (Integration 13 u. 14) stimmen in ihrer modalen Zusammensetzung mit der der feinkörnigen grauen Schlieren (Integration 8) annähernd überein. Dies steht in Übereinstimmung mit dem Geländebefund, daß zwischen den Schlieren und den feinkörnigen Ganggesteinen Übergänge bestehen. Die selteneren dunklen feinkörnigen Ganggesteine gleichen in ihrem modalen Bestand dem der dunklen Schlieren. Das Gestein, welches für die Integration 6 verwendet wurde, ist einer Stelle entnommen, an der eine dunkle Schliere in einen entsprechenden Gang übergeht.

Die Pegmatite (Integration 15) bestehen fast nur als Kalifeldspat (über 55 Vol.-%) und Quarz (40 Vol.-%).

Der *Plagioklas*gehalt ist mit etwa 75 Vol.-% in den dunklen Einschlüssen, die in ihrer Ausbildung der der Schlieren nahekommen, am größten. Im Bereich der Schlieren nimmt er ab und beträgt im „Syenit“ nur noch 50 Vol.-%. An der Zusammensetzung der Pegmatite (Integration 15) ist Plagioklas kaum beteiligt.

Der *Kalifeldspat*gehalt steigt von ungefähr 5 Vol.-% in den dunklen Einschlüssen im Bereich der Schlieren stark an und erreicht im „Syenit“ etwa 30 Vol.-%. In den Pegmatiten beträgt sein Anteil fast 60 Vol.-%.

Die *Mafit*beteiligung ist in den feinkörnigen Einschlüssen mit fast 40 Vol.-% am größten. Sie nimmt in den Schlieren rasch ab. Im „Syenit“ beträgt sie nur etwas über 10 Vol.-%. Die grauen feinkörnigen Gänge sind sehr arm an dunklen Gemengteilen (unter 5 Vol.-%), in den Pegmatiten fehlen sie im Integrationsbereich.

Quarz tritt im modalen Bestand erstmalig in den Schlieren deutlich in Erscheinung. Seine Beteiligung an der Gesteinszusammensetzung bleibt im „Syenit“ gering (etwa 10 Vol.-%). Reichlicher kommt er in den grauen mafitarmen Schlieren und feinkörnigen Ganggesteinen vor. In den Pegmatiten ist er Hauptgemengteil (etwa 40 Vol.-%).

5. Petrogenetische Gesteinsbeschreibung

Die Auswertung der Dünnschliffbeobachtungen bringt die petrogenetische Deutung der durch Integrationen festgestellten modalen Beziehungen zwischen Einschlüssen-Schlieren-„Syenit“ und Ganggesteinen.

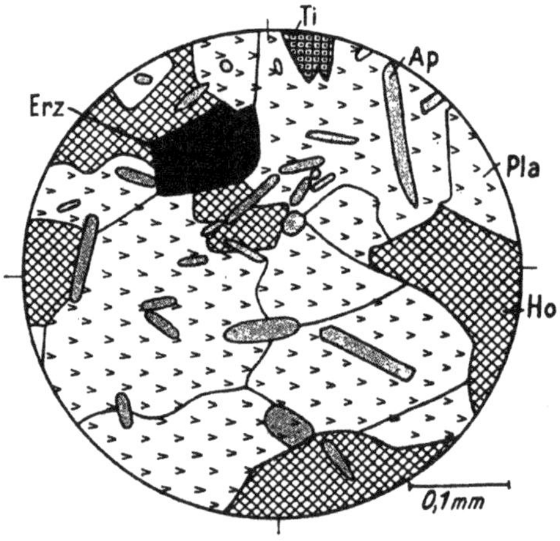

Abb. 6. Hornblende–Plagioklas–Hornfels. Dünnschliffbild. Die Einschlüsse, die als Hornblende–Plagioklas–Hornfelse vorliegen, führen reichlich Apatit (*grau*)

Die feinkörnigen dunkelblaugrauen Einschlüsse sind Hornblende-Plagioklas-Hornfelse, in denen vereinzelt — aus der Anordnung der dunklen Mineralien abgeleitet — eine *s*-Fläche zu erkennen ist.

Die Hauptgemengteile Hornblende und Plagioklas sind in den Hornfelsen etwa gleich groß. Ihre mittleren Korndurchmesser liegen bei 0,2 mm. Die Hornblenden zeigen in der Regel keine eigenen Umrisse, während die Plagioklase zum Teil annähernd idiomorph sind. Kalifeldspat kommt nur xenomorph zwischen den anderen Gemengteilen vor. Seine Größe wechselt zwischen Intergranularenfüllung und Körnern bis zu 0,1 mm Durchmesser. Letztere enthalten reichlich andere Mineralien als Einschlüsse, unter anderem auch Plagioklas, ohne daß an den Korngrenzen Reaktionsgefüge, z. B. Myrmekit, zu beobachten sind. Auffällig ist die starke Durchsetzung aller Gefügebestandteile mit Apatitsäulchen (Durchmesser 0,02 mm)[4], die ungestört über Korngrenzen hinwegsetzen (s. Abb. 6). Ferner ist noch Titanit (0,1 mm) zu nennen, der zum Teil eigene Umrißformen besitzt. Die Erzkörner haben mittlere Durchmesser von 0,1 mm. Selten wurden in den Kernen einzelner Hornblenden Pyroxenreste beobachtet.

Die Integrationen ergeben, daß in den Einschlüssen der Plagioklasgehalt ansteigt und der Mafitgehalt abnimmt, je mehr die Ausbildung der Einschlüsse sich der der Schlieren nähert. Nach dem Dünnschliffbefund ist dies auf eine Plagioklasblastese zurückzuführen. Einzelne Plagioklase beginnen in den Einschlüssen auf Kosten der benachbarten Komponenten zu wachsen und erreichen mit gedrungen leistenförmiger Form Längen bis zu 2 mm. Bei diesem Vorgang wird besonders Hornblende abgebaut, deren Reste in den oft deutlich zonargebauten Plagioklasen auf einzelnen Wachstumszonen angereichert sind (s. Bild 3). Der Kalifeldspatgehalt nimmt gleichfalls zu.

Das Absinken des Plagioklasanteiles im Bereich der Schlieren ist auf eine Kalifeldspatblastese zurückzuführen, die die vorangegangene Plagioklasblastese überholt. Kalifeldspat, der bisher nur xenomorphe Grundgewebsfüllungen bildete, sproßt zwischen den anderen Gemengteilen zu größeren, zum Teil fast idiomorphen Körnern. Dabei werden die benach-

[4]) In Klammern ist die durchschnittliche Korngröße angegeben.

barten Komponenten korrodiert oder bis auf Reste abgebaut, die als reliktische Interngefüge in den Kalifeldspat-Megablasten wiederzufinden sind. Besonders deutlich sind die Abbauerscheinungen an den Plagioklasen zu beobachten. Quarz (1 mm) bildet in den Schlieren stets Zwickelfüllungen zwischen den anderen Bestandteilen.

In dem Hauptgestein, dem „Syenit“, sind alle bisher genannten Stadien der Gesteinsumwandlung durch Abbau und Neusprossungen von Mineralien wiederzuerkennen. So ist zu beobachten, daß Hornblende von Plagioklas korrodiert wird, ferner sind des öfteren mafitische Reste in den Kalknatronfeldspaten vorhanden. Die aggressive Rolle des Kalifeldspates tritt besonders deutlich hervor. Er korrodiert seinerseits Plagioklas, wobei an der Grenze Plagioklas gegen Kalifeldspat Myrmekitsäume erscheinen. Die Kalifeldspatblasten enthalten immer angegriffene andere Gemengteile als Einschlüsse, die zum Teil dem Kristallbau des Wirtes orientiert eingelagert sind. Quarz bildet xenomorphe Zwickelfüllungen, nur gegen Kalifeldspat zeigt er zum Teil eigene Umrißformen. In ihm sind Porenzüge zu erkennen.

Im ganzen betrachtet ist das Gefügebild sehr unruhig. Die Ursache hierfür sind die reliktischen Interngefüge in den größeren Komponenten (s. Bild 4), ferner Hornfelsreste, die zwischen denHauptgemengteilen zu finden sind. Hinzu kommt, daß neben den blastischen Vorgängen auch Umkristallisationen von Altbeständen, so z. B. Kornvergröberungen von Hornblenden, eine Rolle gespielt haben werden. Da bei der Integration nur die Hauptgemengteile ohne ihre Interngefüge berücksichtigt wurden, geht der unruhige Gesteinscharakter aus den Integrationswerten nicht deutlich hervor, im Gegensatz zu den Angaben der chemischen Analysen, die den gesamten Substanzbestand widergeben (s. „Chemische Gesteinszusammensetzung“).

Die Integrationsergebnisse bestätigen die Geländebeobachtung, daß zwischen den verschiedenen Gesteinsausbildungen (Einschlüsse, Schlieren, „Syenit“, Ganggesteine) Übergänge bestehen. Die Dünnschliffdurchsicht zeigt, daß diese Übergänge auf einer genetischen Grundlage beruhen, nämlich auf der allmählich fortschreitenden Umwandlung eines metamorphen feinkörnigen Ausgangsgesteins (Hornfelses) zu einem Gestein, dessen Erscheinungsbild dem eines echten Tiefengesteins sehr nahe kommt. Der „Syenit“ von Plowdiw ist danach kein echtes magmatisches Gestein. Diese Aussage soll durch weitere Beobachtungen ergänzt werden.

Die Einschlüsse und Schlieren sind somit nicht die in einem Magma erhalten gebliebenen Reste eines Nebengesteins, sondern Bereiche, in denen die Umwandlungen des Mineralbestandes (Hornblende-Abbau, Plagioklas- und nachfolgende Kalifeldspatblastese) aus kaum erklärbaren Gründen[5]) nicht bis zur Bildung eines „syenitartigen“ Gesteins führten. Die Analyse der Gesteinsgenese wird durch die Einschlüsse und Schlieren möglich, in denen die „Syenit“-Bildung in verschieden weit fortgeschrittenen Stadien fixiert ist (s. Abb. 7).

Ergänzt wird diese Anschauung unter anderem durch die Betrachtung der modalen Beziehungen der mafitischen Bestandteile des „Syenits“ zueinander.

Die mikroskopische Gesteinsbeobachtung zeigt, daß Hornblende, Titanit und Erze in Gruppen miteinander zusammen vorkommen. Die Berechnung der prozentualen Verhältnisse der Mafite zueinander (vgl. Tab. 1) ergibt eine enge quantitative Beziehung zwischen diesen Gemengteilen. Der Gehalt an Erzen und Titanit ist am kleinsten, wenn der Hornblendeanteil sein Maximum erreicht (s. Abb. 8, Integration 1—3). Dies ist in den dunklen feinkörnigen Einschlüssen der Fall. Im Ausbildungsbereich der Schlieren, im „Syenit“ bis zu den feinkörnigen grauen Ganggesteinen nimmt der Gehalt an Hornblende ab. Nach dem Dünnschliffbefund ist dies auf die Korrosion der Hornblende durch Plagioklas und im weiteren Geschehen

[5]) Bei einem echten Intrusivgestein ist ebensowenig erklärbar, warum sich gerade an dieser oder jener Stelle ein Einschluß oder eine Schliere befindet.

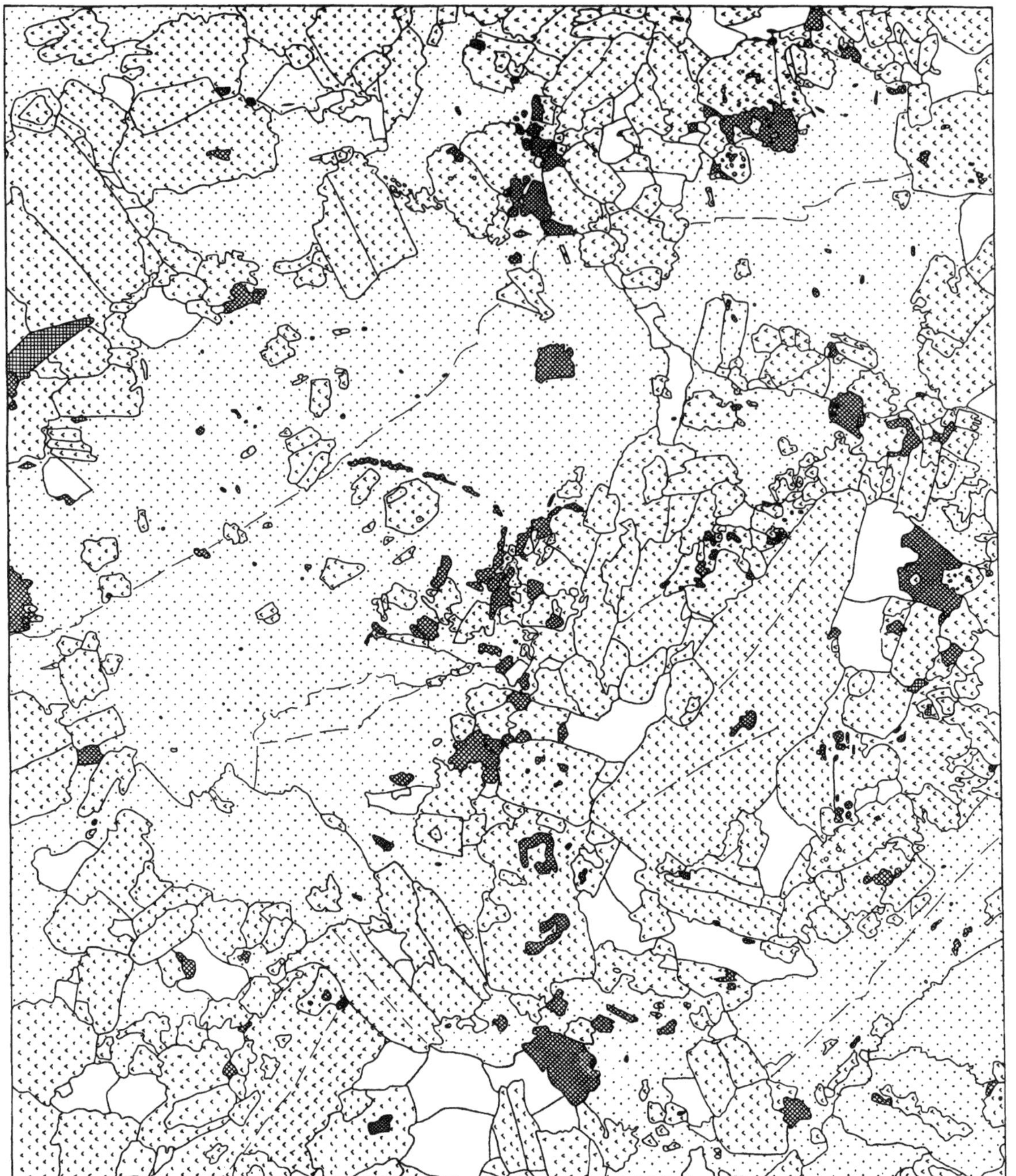

Abb. 7. Zur Petrogenese des „Syenits“ von Plowdiw.

Die petrographische Untersuchung ergibt, daß der „Syenit“ durch metasomatische Umwandlung aus einem vermutlich sedimentären Ausgangsgestein hervorging, welches in seiner am wenigsten veränderten Form im Arbeitsbereich als Hornblende–Plagioklas–Hornfels (Einschlüsse) vorliegt (*links unten*). Durch eine Plagioklasblastese geht aus den Einschlüssen eine schlierige Gesteinsausbildung hervor (*rechts unten*), die petrogenetisch ein Übergangslied zur Hauptgesteinsausbildung (*oben*) darstellt. Im „Syenit“ sind sämtliche Umwandlungsstadien — die Plagioklasblastese, die im weiteren Verlauf von einer Kalifeldspatblastese überholt wird — wiederzuerkennen. Hornblende wird abgebaut. Die reliktischen Bestände in den Plagioklas- und Kalifeldspatblasten sind nur andeutungsweise eingetragen.

durch Kalifeldspat zurückzuführen. Der Erzgehalt nimmt charakteristischerweise in dem Maße zu, in dem Hornblende abgebaut wird. Ein Ansteigen des Titanitanteils ist ebenfalls wahrnehmbar.

Beim Abbau der Hornblende im Laufe der Gesteinsumformung entstehen demnach Titanit und Erze neu. Durch eine magmatische Kristallisation wären die Beziehungen, die Abb. 8 widergibt, nicht so leicht zu erklären, denn eine direkte Abhängigkeit zwischen Hornblende, Erzen und Titanit, in dem Sinne, je weniger Hornblende kristallisiert, um so mehr Erz und Titanit entstehen, ist mit dem mikroskopischen Befund (Abbau von Hornblende) nicht zu vereinbaren.

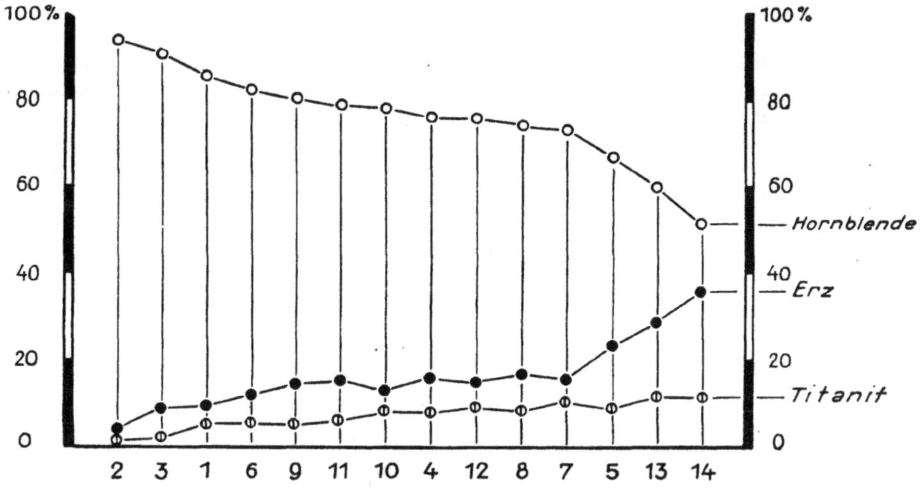

Abb. 8. Die relativen Beziehungen zwischen Hornblende, Titanit und Erzen auf Grund der Ergebnisse der modalen Integration.
Die Gehalte an Hornblende, Titanit und Erzen in den Einschlüssen, Schlieren, „Syenit“ und in den Ganggesteinen stehen in einem bestimmten Verhältnis zueinander. So ist der Hornblendeanteil am größten, wenn die Beteiligung von Erzen und Titanit an der Gesteinszusammensetzung gering ist. Die höchsten Erz- und Titanitgehalte treten bei niedrigem Hornblendeanteil auf.
Die Erklärung für diese Beziehungen ist: Im Laufe der Umwandlung des Hornblende–Plagioklas-Hornfelses zu „Syenit“ wird Hornblende abgebaut, wobei Erz und in geringerem Umfang Titanit neu entstehen.

Die Dünnschliffbeobachtungen sprechen für eine Temperaturerhöhung im Laufe der Gesteinsumwandlung. So vollzieht sich eine Plagioklasblastese bei niedrigeren Temperaturen als eine Kalifeldspatblastese (Mehnert 1957, u. a.). Letztere kennzeichnet höher gradierte Umwandlungsstadien. Die im „Syenit“ bei den Plagioklasen vorhandenen inversen Zonarstrukturen können ebenfalls auf ein Ansteigen der Temperatur zurückgeführt werden (Köhler 1948). Das Auftreten von Orthoklas sagt aus, daß während der Kristallisation des Kalifeldspates die Temperaturen wahrscheinlich über 700° C gelegen haben (Barth 1951). Am Ende der Gesteinsumbildung waren demnach Temperaturbedingungen erreicht, die denen einer ausklingenden Magmaerstarrung entsprechen. Unter diesen Verhältnissen kann es örtlich zur Mobilisation von Quarz-Feldspat-Lösungen gekommen sein, die die bei der nachfolgenden Abkühlung zuerst aufklaffenden Spalten füllten und zu Pegmatiten erstarrten.

Nicht unerwähnt soll bleiben, daß der „Syenit“ auf Grund seiner Entstehungsart, die sich unter bevorzugter Mitwirkung blastischer Vorgänge vollzog, eine enge Verzahnung der einzelnen Komponenten aufweist. Dadurch besitzt er eine große Zähigkeit. Technisch ist er — weiter begünstigt durch seine Frische und Quarzarmut, sowie durch die relativ geringe Zerklüftung — ein Gestein, welches sich hervorragend zu Bildhauerarbeiten und ähnlichem eignet.

6. Mikroskopische Mineralbeschreibung

Die einzelnen Mineralien im „Syenit" zeigen folgende Ausbildungen:

Plagioklas: Die meist eng verzwillingten Plagioklase (bis 3 mm) haben eine sehr unruhige Zusammensetzung. Öfter sind in ihnen mit korrodiert erscheinenden undeutlichen Umrissen Reste einer anorthitreicheren Ausbildung zu erkennen (s. Bild 5). Zum Teil ist der oft sehr deutliche Zonarbau unterbrochen und in den Zwischenraum fügt sich ein anders orientierter Plagioklaskristall ein. Die Anorthitgehalte schwanken beträchtlich. Im Kern wurden zum Teil Anorthitgehalte gemessen, die Labradorit (An_{58}) entsprechen. Die Randzonen dagegen sind anorthitarm und bestehen manchmal aus Albit (An_8). Die durchschnittlichen Gehalte betragen nach den auf dem U-Tisch direkt gemessenen Achsenwinkeln An_{35} (Mittelwert aus 33 Messungen), sie entsprechen also Andesin. Inverse Zonarstrukturen treten auf. An Zwillingsgesetzen sind das Albit- und Periklingesetz, daneben auch das Karlsbadergesetz vorhanden. Die Spaltbarkeit nach (001) ist nicht so ausgeprägt wie die nach (010).

Kalifeldspat: Der Kalifeldspat (bis 8 mm) ist Orthoklas, der stellenweise eine flaue Mikroklingitterung zeigt. Die Blasten haben die Tendenz, eigene Umrisse zu erlangen. Die auf dem U-Tisch direkt gemessenen Achsenwinkel 2Vx liegen zwischen 54° und 63° (25 Messungen) ohne ein deutliches Maximum zu bilden. An manchen Individuen ist ein Zonarbau zu beobachten. Karlsbader Zwillinge sind nicht häufig. Die untergeordnet vorhandenen Perthite folgen — wie schon ROZLOZSNIK (1939) beobachtete — den durch den Schalenbau vorgezeichneten Flächen oder den Richtungen senkrecht zur Karlsbader Zwillingsgrenze.

Hornblende: Die Hornblende gehört überwiegend zu den gewöhnlichen Hornblenden. Die in Feldspate eingeschlossenen Formen zeigen keine idiomorphen Umrisse, diejenigen zwischen anderen Gemengteilen haben vereinzelt prismatische Begrenzung. Sehr selten sind Zwillinge nach (100). Der Pleochroismus ist X = gelbbraun, Y = grün und Z = braungrün. Die Polarisationsfarben sind nicht sehr kräftig. Die Auslöschungsschiefe $Z \Lambda c$ liegt zwischen 14° und 28°, im Durchschnitt beträgt sie 20° (Mittelwert aus 41 Messungen). Die direkt auf dem U-Tisch gemessenen Achsenwinkel 2Vx liegen bei 60° (Mittelwert aus 27 Messungen).

Die Achsenwinkel 2Vx mancher Individuen sind im Vergleich zur Auslöschungschiefe $Z \Lambda c$ zu niedrig, um diese in die Hornblendereihe einzustufen. Diese gehören in die Hastingsitreihe (TRÖGER 1952) und zwar in den Bereich, der die Magnesiohastingsite kennzeichnet.

Quarz: Quarz (bis 2 mm) bildet xenomorphe Körner, die im Vergleich zu den Feldspaten kaum Einlagerungen enthalten. Gegen Kalifeldspat zeigen die Individuen vereinzelt hexagonale Umrisse.

Neben den gesteinsbildenden Mineralien Hornblende, Plagioklas, Kalifeldspat und Quarz sind an Übergemengteilen Diopsid, Augit und Biotit vorhanden.

Diopsid: Der Diopsid ist im Dünnschliff von schwach gelber Farbe und zeigt kräftige Polarisationsfarben, jedoch keinen Pleochroismus.

Augit: Augit ist etwas häufiger als Diopsid. Er bildet ebenfalls kleinere Körner, die deutliche Spaltbarkeiten zeigen. Die Auslöschungschiefe $Z \Lambda c$ liegt bei 46°.

Biotit: Biotit ist sehr selten und konnte nur einige Male in kleinen Individuen beobachtet werden.

Zu den Nebengemengteilen des „Syenits" gehören Titanit, Apatit, Zirkon und Erze.

Titanit: Titanit (1 mm) ist relativ häufig (0,8 Vol.-%). Seine Umrisse sind meist idiomorph. Er kommt in der Regel mit Erz und Hornblende zusammen vor. Zwillinge nach (001) sind nicht selten. Der Pleochroismus ist schwach (X = hellgelb, Z = hellbraun), die Doppelbrechung ist hoch.

Apatit: Apatit ist reichlich vorhanden. Er zeigt eine säulige Ausbildung, wobei die Säulchen Durchmesser von 0,12 mm erreichen. Apatit findet sich in allen Hauptgemengteilen und setzt ungestört über Korngrenzen hinweg.

Zirkon: Zirkon ist seltener als Apatit. Er bildet meist idiomorphe Körner, die keinen Pleochroismus aufweisen.

Erze: Erze, meist Magnetit, kommen oft in Körnergruppen in der Vergesellschaftung mit Titanit und Hornblende vor.

Die sekundären Verwitterungserscheinungen bewegen sich in normalen Grenzen. Sie äußern sich in einer Zersetzung der anorthitreicheren Kerne der Plagioklase unter Kaolin- und Serizitbildung, ein Vorgang, der zum Teil von einer Kalzitansiedlung, ganz untergeordnet auch von Epidotbildungen, begleitet wird. Die anorthitärmeren Ränder der Plagioklase sind in der Regel nicht oder nur wenig verändert. Der Kalifeldspat zeigt stellenweise eine leichte Trübung. Vereinzelt tritt auch Chlorit auf, der vorzugsweise an die dunklen Mineralien gebunden ist.

Das Korngefüge ist sehr schwach beansprucht. Im Dünnschliffbild zeigen die Quarzkörner manchmal eine schwache undulöse Auslöschung. Auf Druckwirkungen wird auch die fleckenweise vorhandene, zum Teil nur schwach erkennbare Mikroklingitterung im Bereich größerer Orthoklase zurückzuführen sein. ROZLOZSNIK (1939) vergleicht das Gestein von Plowdiw nach seinem Beanspruchungsgrad mit dem Tonalit des Riesenferners (BECKE 1892) und schreibt, daß es „augenscheinlich auf einer anfänglichen Stufe des Tonalitstadiums steht"[6]).

7. Schwermineral- und Spektralanalyse

Der Schwermineralbestand des „Syenits" (Probe entnommen am Banardzik Tepe), eines feinkörnigen Einschlusses sowie eines Einschlusses, dessen Ausbildung der der Schlieren nahe kommt (Proben entnommen am Dzendem Tepe) wurde von Dipl.-Geol. S. DIENER qualitativ untersucht.

In allen Gesteinsausbildungen kommen die gleichen Schwermineralien vor. Analysiert wurden die Kornfraktionen 0,2—0,1 und 0,1—0,06 mm. Die magnetischen Schwermineralanteile, vorzugsweise Magnetit, machen im Mittel 5% des Gesamtschwermineralgehaltes aus. In der nichtmagnetischen Fraktion konnten nachgewiesen werden:

1. Hornblende, grünlich, niedrige Doppelbrechung, geringe Auslöschungsschiefe, Lichtbrechung über 1,657.
2. Hornblende, hellbraun bis grünlich, niedrige Doppelbrechung, geringe Auslöschungsschiefe, Lichtbrechung über 1,657.
3. Augit, hellgrün, hohe Doppelbrechung, große Auslöschungsschiefe.
4. Apatit.
5. Titanit.
6. Zirkon.

Die grüne Hornblendeausbildung überwiegt stark in allen untersuchten Proben. Es folgt in der Häufigkeit Titanit und Apatit. Untergeordnet sind die hellbraune bis grünliche Hornblendevarietät und Augit an der Zusammensetzung beteiligt. Zirkon ist selten.

Die Ergebnisse der Schwermineralanalyse stimmen mit dem mikroskopischen Befund überein (vgl. „Mikroskopische Mineralbeschreibung"). Die gering vertretene Hornblendeausbildung entspricht den Individuen, die nach dem Dünnschliffbefund in die Hastingsitreihe einzuordnen sind.

Die Ergebnisse einer Spektralanalyse wurden der Arbeit von ROZLOZSNIK (1939) entnommen. Die Untersuchung führte SZELÉNYI mit einem Quarzspektrographen von Zeiss

Tabelle 2. Ergebnisse einer Spektralanalyse des „Syenits" von Plowdiw. Nach Rozlozsnik (1939)

Element	Wellenlänge in Angström-Einheiten	Intensität
Be	2348,00	sehr deutlich
V	2908,81	deutlich
Cu	3247,00	deutlich
	3274,00	deutlich
Li	6707,00	deutlich
Ga	2943,64	schwach
	2944,18	sehr schwach
Ni	3050,82	sehr schwach

[6]) Das Tonalitstadium wird nach BECKE (1892) durch deutliche Druckwirkungen an Quarz, Abspaltung des Natrongehaltes des Kalifeldspates als Albit und mit dem Druck zusammenhängender Mikroklingitterung gekennzeichnet.

(Qu 24) durch. Verwendet wurde die Gesteinsprobe, deren chemische Zusammensetzung Analyse 7, Tabelle 3, (s. „Chemische Gesteinszusammensetzung") widergibt. Die nachgewiesenen Elemente sind in Tabelle 3 zusammengestellt.

Es herrschen Elemente vor, deren absorptive Bindung an tonige Gesteine (Be, Cu) bzw. deren Einbau in Organismen (V) bekannt ist. Nicht nachgewiesen werden konnten: W in 2947,39, G in 2692,55 und 2651,60, Bi in 2400,89, Te in 2385,78, Tl in 2379,60, Sb in 2311,50 und Ag in 3280,67.

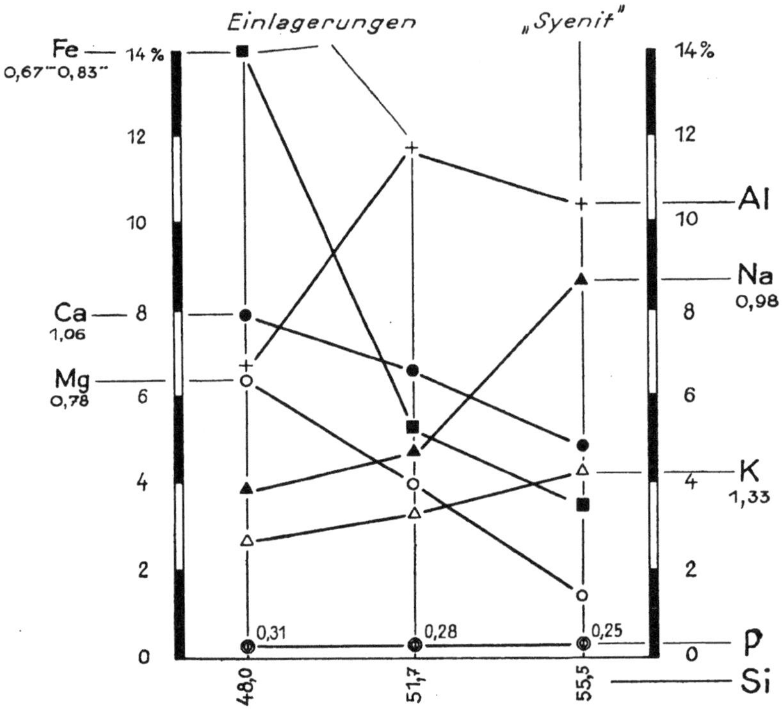

Abb. 9. Diagramm der Kationenprozente im Bereich Einlagerungen — „Syenit". Die Einlagerungen (Einschluß, Schliere) enthalten mehr Kalzium und Magnesium (Kalkalkalien) sowie Eisen als die Hauptgesteinsausbildung, welche demgegenüber reicher an Natrium und Kalium (Alkalien) ist. Die Differenzen der Kationenprozente zwischen Einlagerungen und „Syenit" sind am größten bei Elementen, die einen kleinen Ionenradius besitzen.

8. Chemische Gesteinszusammensetzung

Von Interesse ist es festzustellen, in welchem Umfang bei der Gesteinsentstehung Stoffaustauschvorgänge beteiligt waren.

In der neueren Literatur (Nikolow 1932, Rozlozsnik 1939) sind acht Analysen des „Syenits" und zwei Analysen von Einlagerungen (Einschluß, Schliere) angegeben, die als Grundlage für die folgende Betrachtung verwendet werden. Die Anfertigung neuer chemischer Analysen war nicht möglich.

Die Gewichtsprozente der Analysen wurden auf Kationenprozente umgerechnet. Diese entsprechen den Atomzahlen Nigglis, bzw. den „one-cation-oxydes" von Eskola, die direkte Stoffvergleiche ermöglichen (Wenk 1954). Da die Analysenangaben schwer zugänglich sind, wurden in der Tabelle 3 neben den Kationenprozenten und den Niggli-Werten auch die Gewichtsprozente der benutzten chemischen Analysen angeführt.

Die stofflichen Beziehungen in dem Bereich Einschluß-Schliere-„Syenit" gibt Abb. 9 in Kationenprozenten wieder. Die Kationenprozente des „Syenits" wurden aus den acht „Syenit"-Analysen durch Mittelwertbildung errechnet.

Tabelle 3. Gewichtsprozente, Niggli-Werte und Kationenprozente chemischer Analysen von Gesteinen des bearbeiteten Bereiches

Analyse	1	2	3	4	5	6	7	8	1—8	9	10
Gestein Örtlichkeit	„Syenit“ Dzambaz Tepe	„Syenit“ Dzendem Tepe	„Syenit“ Banardzik Tepe	„Syenit“ Sahat Tepe	„Syenit“ Dzambaz Tepe	„Syenit“ Dzambaz Tepe	„Syenit“ Dzambaz Tepe	„Syenit“ Sahat Tepe	„Syenit“ Mittelwerte	Schliere ?	Einschluß ?
Analytiker	Nikolov	Nikolov	Nikolov	Nikolov	Nikolov	Nikolov	Rozlozsnik	Rozlozsnik		Nikolov	Nikolov
SiO_2	57,69	57,78	58,09	58,54	59,77	60,21	61,17	64,73	59,75	55,17	48,50
Al_2O_3	19,68	22,27	18,92	18,56	19,76	20,14	16,43	17,53	19,16	21,24	11,23
Fe_2O_3	2,75	3,53	2,79	3,65	3,45	1,98	2,71	1,89	2,64	2,61	10,23
FeO	2,77	1,48	1,85	2,29	1,48	1,84	1,83	1,58	1,89	4,24	7,42
MgO	1,87	1,01	1,09	1,27	0,60	0,29	1,41	0,71	1,03	2,89	4,32
CaO	3,67	4,26	5,74	5,96	4,92	5,81	5,46	3,53	4,92	6,63	7,47
Na_2O	5,60	4,11	5,86	4,84	4,50	5,22	4,41	4,36	4,86	2,64	2,53
K_2O	3,88	3,45	3,86	3,22	3,46	3,37	3,32	4,45	3,63	2,83	1,98
H_2O^-	0,17	0,14	0,10	0,15	0,09	0,10	0,21	0,33	0,16	0,21	1,15
H_2O^+	0,47	0,43	0,40	0,46	0,30	0,41	0,90	0,51	0,48	0,32	0,69
P_2O_5	0,31	0,15	0,25	0,29	0,21	0,22	0,99	0,20	0,33	0,39	0,34
TiO_2	0,57	0,64	0,57	0,57	0,57	0,50	0,55	0,42	0,55	0,75	3,67
MnO	0,05	0,07	0,02	1,27	0,07	0,05	0,14	0,02	0,21	0,14	0,38
BaO	n. b.	n. b.	n. b.	n. b.	n. b.	n. b.	0,04	0,04		n. b.	n. b.
CO_2	0,23	0,32	0,43	0,53	0,25	0,33	n. b.	n. b.		0,30	0,58
S	n. b.	n. b.	n. b.	n. b.	n. b.	n. b.	0,03	0,00		n. b.	n. b.
ZrO	n. b.	n. b.	n. b.	n. b.	n. b.	n. b.	0,08	Spur		n. b.	n. b.
SrO	n. b.	n. b.	n. b.	n. b.	n. b.	n. b.	0,08	0,06		n. b.	n. b.
	99,71	99,64	99,97	101,60	99,43	100,47	99,76	100,36		100,36	100,49
si	184	194	188	187	211	209	221	258	206	159	118
al	37	45	36	35	41	41	35	41	39	36	16
fm	24	18	18	22	17	12	21	15	18	29	52
c	13	16	20	21	19	22	21	15	18	22	20
alk	26	21	26	22	23	25	23	28	24	13	12
k	0,31	0,36	0,30	0,30	0,34	0,30	0,33	0,40	0,33	0,41	0,27
mg	0,38	0,27	0,30	0,29	0,12	0,12	0,36	0,24	0,26	0,43	0,31
qz	—20	+10	—16	—1	+19	+9	+29	+44	+14	+7	—30
Si	53,2	54,2	53,5	54,2	56,0	55,1	57,6	60,2	55,5	51,7	48,0
Al	21,4	24,6	20,4	20,2	21,6	22,0	18,2	19,2	20,9	23,4	13,1
Fe··	1,9	2,5	1,9	2,5	2,4	1,4	1,9	1,3	2,0	1,8	7,6
Fe···	2,1	1,2	1,4	1,8	1,2	1,4	1,4	1,2	1,4	3,3	6,1
Mg	2,5	1,4	1,5	1,8	0,8	0,4	2,0	1,0	1,4	4,0	6,4
Ca	3,6	3,8	5,6	6,0	4,9	5,7	5,5	3,5	4,8	6,6	7,9
Na	10,2	7,5	10,4	8,7	8,1	9,3	8,0	7,9	8,8	4,8	4,9
K	4,5	4,1	4,5	3,8	4,7	4,0	4,0	5,0	4,3	3,4	2,7
P	0,2	0,1	0,2	0,2	0,2	0,2	0,8	0,2	0,3	0,3	0,3
Ti	0,4	0,4	0,4	0,4	0,4	0,3	0,4	0,3	0,4	0,5	2,7
Mn	0,1	0,1	0,2	0,7	0,1	0,1	0,1	0,1	0,2	0,2	0,3
Si + Al	74,6	78,8	73,9	74,4	77,6	77,1	75,8	79,4	76,4	75,1	61,1
Na + K	14,7	11,6	14,9	12,5	12,8	13,3	12,0	13,9	13,2	8,2	7,6

Der Abbildung ist zu entnehmen, daß die Einlagerungen reicher an Kalzium und Magnesium (Kalkalkalien) sowie Eisen sind als die Hauptgesteinsausbildung, der „Syenit“. Letzterer enthält demgegenüber einen höheren Anteil an Natrium und Kalium (Alkalien). Das bedeutet, daß die vorzugsweise beim Abbau der Hornblende freiwerdenden Kalkalkalien nicht im „Syenit“ wiedererscheinen, sondern aus dem betrachteten Bereich verschwinden. An ihrer Stelle wandern Alkalien (Na, K) ein. Der Gehalt an Silizium und Aluminium nimmt zum „Syenit“ zu. Auffällig ist, daß bei diesen Vorgängen der Phosphorgehalt, der sich im Dünnschliff durch einen hohen Apatitanteil zu erkennen gibt, kaum ändert.

Auf eine Beziehung, die allerdings durch weitere Analysen bestätigt werden muß, sei noch hingewiesen. Die Unterschiede in den Kationenprozenten zwischen Einlagerungen und „Syenit“ sind bei den Elementen am größten, die einen kleinen Ionenradius besitzen. Dies trifft für Magnesium, Natrium und Eisen zu. Die Natriumkationenprozente (Ionenradius 0,98) steigen von etwa 4% in dem Einschluß bis auf über 8% im „Syenit“ an, Magnesium (Ionenradius 0,78) nimmt von etwa 6% im Einschluß bis auf unter 2% in der Hauptgesteinsausbildung ab. Besonders starke Differenzen treten bei Eisen (Ionenradien 0,67··· und 0,83··) auf. Bei den Elementen, die einen relativ großen Ionenradius besitzen, so z. B. bei Kalium und Kalzium, sind die Unterschiede nicht so deutlich. So beläuft sich die Differenz der Kationenprozente für Kalium (Ionenradius 1,33) zwischen Einschluß und „Syenit“ auf etwa 2%, ähnlich verhalten sich größenordnungsmäßig die Werte für Kalzium (Ionenradius 1,06), dessen Anteil zur Hauptgesteinsausbildung abnimmt.

Im Diagramm (s. Abb. 9) fällt besonders das starke Ansteigen der Natriumkationenprozente auf, eine Erscheinung, die auch durch Dünnschliffbeobachtungen zu bestätigen ist. So werden die Plagioklase im Verlauf der stofflichen Umwandlung des Ausgangsgesteins zu „Syenit“ anorthitärmer, zum Teil besteht ihre äußere Hülle aus Albit. Der Orthoklas mit den gemessenen Achsenwinkeln von 53—64° ist nach TRÖGER (1952) ein Natronorthoklas.

Die Ergebnisse der modalen Integrationsanalysen, die Dünnschliffbefunde sowie die Vergleiche der Kationenprozente der chemischen Analysen machen es wahrscheinlich, daß der „Syenit“ von Plowdiw aus einem kalzium- und magnesiumführenden vielleicht sedimentären Ausgangsgestein — das in seiner am wenigsten veränderten Form im Untersuchungsbereich als Hornblende-Plagioklas-Hornfels (Einschlüsse) vorliegt — durch Zufuhr von Alkalien und Abfuhr von Kalkalkalien entstand. Da die beobachteten Einschlüsse in ihrer petrographischen Ausbildung keine bemerkenswerten Unterschiede aufweisen, wird das Ausgangsgestein im betrachteten Bereich relativ einheitlich ausgebildet gewesen sein.

Die Integrationen (s. Abb. 5) des „Syenits“ der vier Berge von Plowdiw zeigen keine wesentlichen Unterschiede in der modalen Zusammensetzung der Hauptgemengteile. Die Analysenergebnisse variieren dagegen stärker, wie aus Tabelle 3 zu entnehmen ist, so z. B. der SiO_2-Gehalt von 57,7 bis 64,7 Gew.-%. Ähnlich liegen die Verhältnisse bei den Gewichtsprozenten der anderen Oxyde. Wie bereits darauf hingewiesen wurde, liegt dies daran, daß bei der Bestimmung des modalen Bestandes durch Integration nur die Hauptgemengteile erfaßt wurden und Interngefüge in diesen sowie Neben- u. Übergemengteile keine Berücksichtigung fanden. In die chemischen Analysen geht jedoch der gesamte Substanzbestand ein. Die Analysenergebnisse zeigen somit die Unausgeglichenheit, die für Gesteine metablastischer Entstehungsart charakteristisch ist, besser als die Werte der modalen Integration (vgl. „Petrographische Gesteinsbestimmung“).

9. Petrographische Gesteinsbestimmung

Seiner petrographischen Zusammensetzung nach kann der „Syenit von Plowdiw“ keinem bekannteren Magmentyp zugeordnet werden. Ein Syenit i. e. S. ist er auf keinen Fall, denn der Plagioklasgehalt ist fast doppelt so groß wie der Anteil an Kalifeldspat. Für einen Granodiorit ist das Gestein wiederum zu quarzarm (s. Abb. 10).

Nach der petrographischen Nomenklatur von TRÖGER (1935) kann das Gestein in die Familie der Mangerite (Hornblendemangerit) gestellt werden. Diese Familie wird dadurch gekennzeichnet, daß Plagioklas reichlicher vertreten ist als Alkalifeldspat und der Quarzanteil bis 10% betragen kann. Das Gestein von Plowdiw ähnelt jedoch keinem der von TRÖGER innerhalb dieser Familie angeführten Gesteine näher.

ROZLOZSNIK untersuchte seinerzeit 2 Gesteinsproben (Analyse 7 u. 8, Tabelle 3) und bezeichnete das Gestein der einen Probe nach der Gliederung von JOHANNSEN (1952) als quarzarmen Leucogranodiorit (227′), das der anderen als quarzarmen Leucoadamellit (227″).

Nach NIKOLOW (1932) gehört der „Syenit" auf Grund des Vergleiches der NIGGLI-Werte der von ihm angefertigten 6 Analysen (Analysen 1—6, Tab. 3) zu dem monzonitsyenitischen Magmentyp, mit dessen NIGGLI-Werten eine der Analysen fast übereinstimmt. Im Einzelnen schwanken jedoch die NIGGLI-Werte der Analysen recht beträchtlich, so der si-Wert von 184 bis 258 (vgl. Tab. 3 u. Abb. 11).

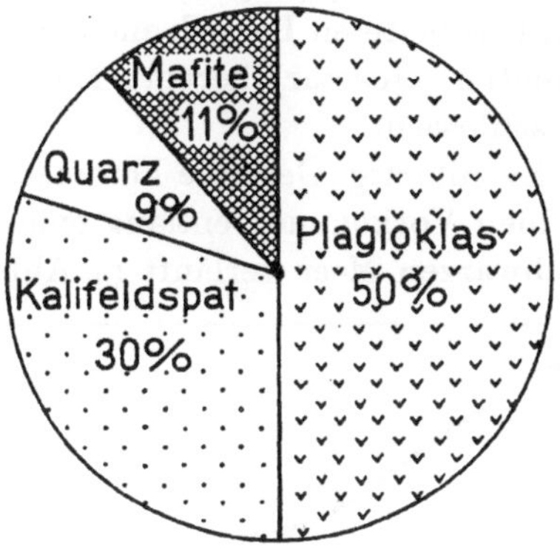

Abb. 10.
Die modale Mineralzusammensetzung des „Syenits" von Plowdiw.
Seiner Mineralzusammensetzung nach kann das Gestein keinem bekannteren Magmentyp zugeordnetwerden. Den seltenen Mineralbestand kennzeichnet am besten der Lokalname „Plowdiwit" (ROZLOZSNIK 1939).

Kennzeichnend für die Niggli-Werte des Gesteins von Plowdiw ist, daß der fm- und c-Wert im Mittel der 8 Analysen zusammenfällt (c bzw. fm = 18,4). Auch in den einzelnen Analysen liegen die Werte meist nahe beieinander. Der alk-Wert ist stets größer als der betreffende fm- und c-Wert. Die Quarzzahlen (qz) liegen zwischen +44 und —20, das Gestein ist also annähernd neutral.

Zusammenfassend ist zusagen, daß das Gestein von Plowdiw nur mit Einschränkungen einem besser bekannten Magmentyp zuzuordnen ist. Auf Grund dieser Feststellung kam ROZLOZSNIK (1939) zu der Ansicht, daß die seltenen modalen Verhältnisse ein Lokalname am

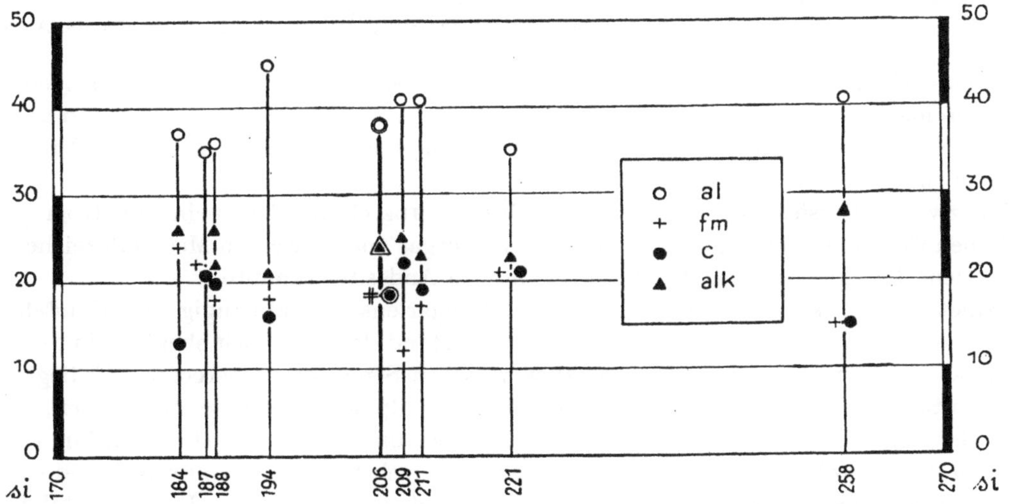

Abb. 11. Diagramm der si- und al-fm-c-alk-Werte nach NIGGLI des „Syenits" von Plowdiw.
Die si-Werte variieren stark. Die fm- und c-Werte der acht „Syenit"-Analysen liegen in den einzelnen Analysen nahe beieinander und fallen in ihrem Mittelwert (c = fm = 18,4) zusammen.

besten charakterisiert und er schlug für das Gestein von Plowdiw die petrographische Bezeichnung „Plowdiwit" vor.

Die Dichte des Gesteins, des Plowdiwits, liegt nach Bestimmungen von NIKOLOW (1932) zwischen 2,63 und 2,72. Sie beträgt im Mittel 2,66.

10. Geologisches Alter

In welcher geologischen Zeitepoche der Plowdiwit (Hornblendemangerit) entstand, kann im bearbeiteten Bereich nicht ermittelt werden. Die Berge ragen allein aus jüngeren Sedimenten (Quartär) hervor. Ein zusammenhängender Kontaktgesteinsverband ist nicht aufgeschlossen.

Syenitartige Gesteine kommen in Bulgarien nicht allein bei Plowdiw vor, sondern in einzelnen Vorkommen entlang einer etwa Ost–West streichenden Linie, die von Sofia bis zum Schwarzen Meer verläuft (s. Abb. 12). Bisher wurden alle als magmatisch angesehen. Im

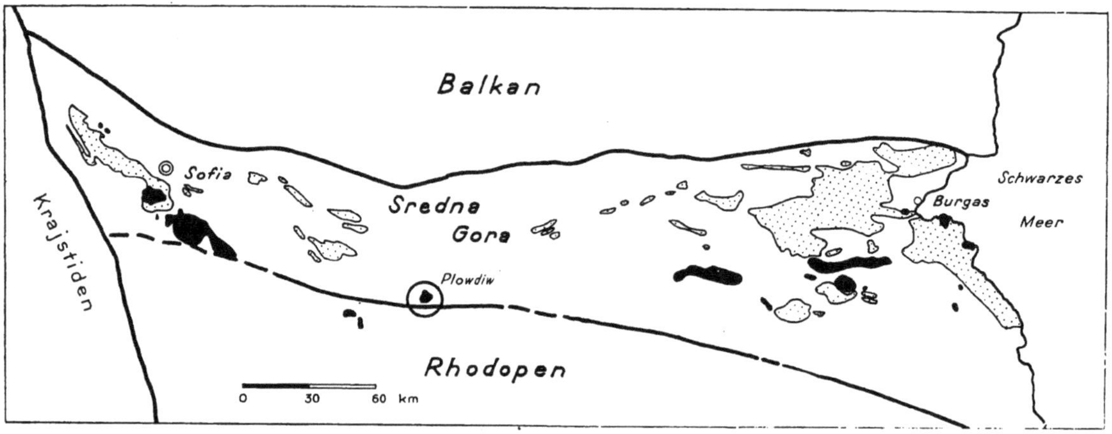

Abb. 12. Das Auftreten syenitartiger und andesitischer Gesteine in Bulgarien.
Syenitartige Gesteine (*schwarz*) kommen in Bulgarien entlang einer Linie vor, die von Sofia in ostwestlicher Richtung bis zum Schwarzen Meer verläuft. Bei Sofia (Witoscha-Gebirge) konnte eine Alterseinstufung erfolgen. Die syenitartigen Gesteine sind dort jünger als die senonen Andesite (*punktiert*), jedoch älter als Oberoligozän, in dessen Konglomeraten sie als Gerölle nachzuweisen sind. In der Nähe von Burgas konnte ebenfalls festgestellt werden, daß die syenitartigen Gesteine jünger sind als die Andesite.

Witoscha-Gebirge bei Sofia konnte DIMITROFF (1934, 1939) das Alter der dortigen syenitartigen Gesteine feststellen. Sie durchsetzen und verändern senone Andesite und sind andererseits als Geröllkomponenten in den alttertiären Ablagerungen des Beckens von Pernick bei Sofia zu finden.

Eine zweite Altersfeststellung machte W. PETRASCHEK (1931), der in einem petrographisch ähnlichen Gestein in der Gegend südöstlich von Burgas am Schwarzen Meer zahlreiche angeschmolzene Brocken des umgebenden kretazischen Andesits erkannte.

Ordnet man alle syenitartigen Gesteine Mittelbulgariens — unabhängig ihrer Entstehungsweise — einer gemeinsamen Bildungszeit zu, so entstand der Plowdiwit ebenfalls in dem Zeitraum zwischen Kreide und Tertiär, genauer zwischen Senon und Obereozän. Es liegt nahe, die syenitartigen Gesteine der laramischen Phase der alpiden Orogenese zuzuordnen, die für Bulgarien eine Hauptfaltungsphase ist. W. E. PETRASCHEK (1942) weist darauf hin, daß die betrachteten Gesteine alle ein mechanisch fast unversehrtes Gefüge aufweisen und schließt daraus, daß die Gesteinsbildungen nicht syntektonisch zur laramischen Faltung erfolgt sind, sondern nachher, allerdings so, daß sie noch unter den Nachwirkungen des laramischen Spannungsfeldes standen.

11. Klufttektonische Analyse

Die metasomatischen Verdrängungsprozesse, die wahrscheinlich durch einen Temperaturanstieg ausgelöst wurden, haben sämtliche Rupturen des Ausgangsgesteins gelöscht, so daß beim Rückgang der Isothermen ein neues Fugensystem entstand, welches dem eines magmatischen Intrusivkörpers gleichkommt.

Im Bereich aller vier Berge wurden 1144 Klüfte gemessen und in vier Diagrammen dargestellt (s. Abb. 13). Ausgewertet wurden mit Hilfe eines flächentreuen Netzes die Durchstoßpunkte der Flächennormalen in der unteren Halbkugel.

In jedem Kluftdiagramm treten mehrere Häufungen auf, die eine gesetzmäßige Anordnung zueinander zeigen. So ist überall ein Besetzungsgürtel vorhanden oder angedeutet, senkrecht zu dem ein meist recht kräftiges Maximum liegt. Die Klüfte dieses Maximums sind als S-Klüfte im Sinne von Cloos anzusprechen. Die beste Teilbarkeit des Gesteins liegt in dieser Ebene (s. weiter unten). Innerhalb des Besetzungsgürtels, der senkrecht zu den S-Klüften verläuft, sind im besten Fall zwei Häufungen wahrzunehmen. Sie entsprechen den relativ flach liegenden L-Klüften und den immer steilstehenden Q-Klüften nach Cloos. Besonders deutlich sind diese Verhältnisse in dem Kluftdiagramm des Banardzik Tepe zu erkennen.

Am höchsten Berg, dem Dzendem Tepe, streichen die zu dem S-Kluftmaximum gehörenden Flächen Nordwest–Südost und fallen bevorzugt steil nach Süden (125/80 SW). Eine weitere Häufung im selben Quadranten gehört steilen Diagonalklüften (160/90) an. Im Besetzunggürtel, der an zwei Stellen unterbrochen ist, werden die flachen L-Klüfte (145/40 NE) durch eine Häufung bis zu 6% angezeigt. Die Q-Klüfte treten im Diagramm nicht deutlich hervor.

Am Banardzik Tepe streichen die S-Klüfte ebenfalls Nordwest-Südost und fallen steil nach Süden (140/75 SW). Im gleichen Quadranten des Diagramms liegen zwei Diagonalkluftmaxima (110/70 S und 160/85 W). Im Besetzungsgürtel sind die L-Klüfte (145/35 NE) und die Q-Klüfte (34/80 NW) durch Häufungen angezeigt.

Am Sahat Tepe stehen die S-Klüfte ebenfalls steil, streichen jedoch etwas anders (170/70 E) als in den beiden südwestlichen Bergen. Die Q-Klüfte werden im Diagramm durch zwei annähernd symmetrisch zu 90°-Fallen liegende Häufungen (90/75 S bzw. 75/80 N) gekennzeichnet. Die Lage der L-Klüfte ist nur angedeutet.

Am Dzambaz Tepe streichen die S-Klüfte wieder Nordwest-Südost wie im Dzendem Tepe und Banardzik Tepe fallen jedoch nicht mehr nach Südwesten, sondern relativ flach (150/45 NE) nach Nordosten ein. Ein deutlicher Besetzungsgürtel ist im Diagramm nicht vorhanden. Neben der Häufung, die den Q-Klüften (60/85 SE) entspricht, tritt noch ein weiteres Maximum (20/85 E) auf.

Die Kluftdiagramme zeigen, daß die diagonalen Klüfte gegenüber den orthogonalen Klüften (S-, Q- und L-Klüfte) zurücktreten. Charakteristisch ist ferner, daß der Winkel zwischen den S- und L-Klüften von 90° abweicht und im Mittelwert etwa 70° beträgt (s. Bild 6).

Im Gelände können die verschiedenen Klüfte nicht allein auf Grund ihrer Ausbildung voneinander getrennt werden. Die statistischen Messungen zeigen jedoch, daß die Klüfte, die einen schwachen Quarzbelag aufweisen, bevorzugt S-Klüfte sind (s. Abb. 13). Die anderen Kluftflächen sind in der Regel frei von Belegen. Die Richtung der besten Teilbarkeit (Steinbruchsarbeiterbezeichnung: „вода = Wasser“) streicht in dem einzigen noch in Betrieb befindlichen größeren Steinbruch am Dzendem Tepe 125° und fällt mit etwa 70° nach Südwesten ein. Ihre Lage entspricht der der S-Klüfte in diesem Gebiet. Die Flächen der schlechten Teilbarkeit (Steinbrucharbeiterbezeichnung: контра = gegen“) streichen ebenfalls Nordwest–Südost, fallen jedoch nach Nordosten ein. Die statistische Kluftanalyse ergibt, daß in dieser Ebene die L-Klüfte liegen.

Die Projektionspunkte der feinkörnigen Ganggsteine (s. Abb. 13) zeigen eine schwache Bevorzugung des L-Q-Kluftgürtels. Die Anzahl der im Gelände beobachteten Gänge nimmt von Südwesten nach Nordosten ab.

Das Fallen der S-Klüfte — und somit auch das der L-Klüfte — ist nicht in allen vier Diagrammen das gleiche. So fallen die nordwest-südoststreichenden S-Klüfte in den beiden süd-

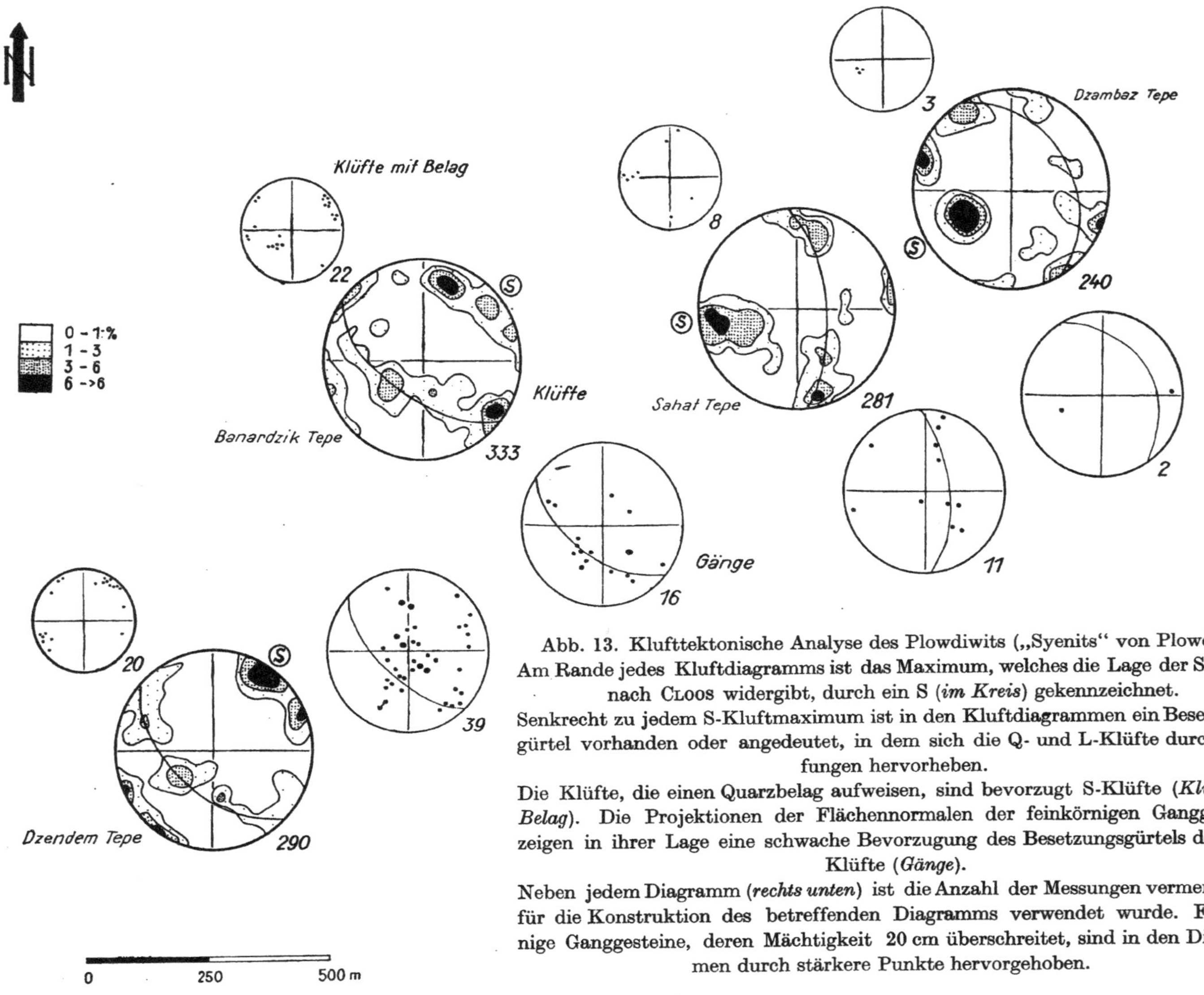

Abb. 13. Klufttektonische Analyse des Plowdiwits („Syenits“ von Plowdiw). Am Rande jedes Kluftdiagramms ist das Maximum, welches die Lage der S-Klüfte nach CLOOS widergibt, durch ein S (*im Kreis*) gekennzeichnet.
Senkrecht zu jedem S-Kluftmaximum ist in den Kluftdiagrammen ein Besetzungsgürtel vorhanden oder angedeutet, in dem sich die Q- und L-Klüfte durch Häufungen hervorheben.
Die Klüfte, die einen Quarzbelag aufweisen, sind bevorzugt S-Klüfte (*Klüfte mit Belag*). Die Projektionen der Flächennormalen der feinkörnigen Ganggesteine zeigen in ihrer Lage eine schwache Bevorzugung des Besetzungsgürtels der L-Q-Klüfte (*Gänge*).
Neben jedem Diagramm (*rechts unten*) ist die Anzahl der Messungen vermerkt, die für die Konstruktion des betreffenden Diagramms verwendet wurde. Feinkörnige Ganggesteine, deren Mächtigkeit 20 cm überschreitet, sind in den Diagrammen durch stärkere Punkte hervorgehoben.

westlichen Bergen (Dzendem Tepe und Banardzik Tepe) nach Südwesten. Im nordöstlichsten Berg, dem Dzambaz Tepe, ist das Streichen der S-Klüfte ebenfalls Nordwest–Südost gerichtet, die Flächen fallen jedoch relativ flach nach Nordosten ein, auch die S-Klüfte des Sahat Tepe fallen in östlicher Richtung. Die Q-Klüfte verlaufen bei steiler Stellung stets Südwest–Nordost bis Westsüdwest–Ostnordost.

Aus der räumlichen Lage des orthogonalen Kluftsystems im Bereich der vier Erhebungen ist ein Nordwest–Südost verlaufenes Gewölbe abzuleiten, dessen Scheitelzone zwischen den beiden mittleren Bergen zusuchen ist (s. Abb. 14). Nach den petrographischen Untersuchungsergebnissen kann es sich hierbei nicht um das Eigengewölbe eines intrusiven magmatischen Körpers handeln, da die Entstehung des Plowdiwits auf eine metasomatische Umwandlung eines festen Ausgangsgesteins zurückgeführt wird. Nach Oertel (1955) u. a. sind Vorgänge dieser Art mit beträchtlichen Volumenvermehrungen verbunden. Es wird daher angenommen, daß der Gewölbebau, der sich aus der regionalen Anordnung der Klüfte und weiteren Beobachtungen (s. folgender Text) ergibt, eine Folge der Volumenzunahme des Ausgangsgesteins ist.

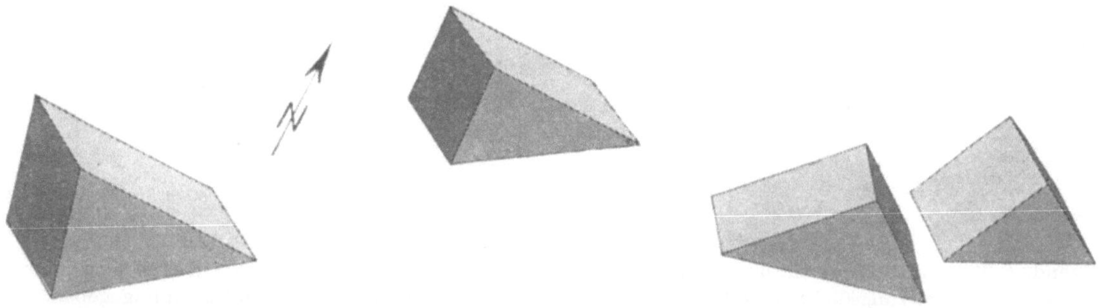

Abb. 14. Schematisches Reliefbild der Erhebungen von Plowdiw.
Aus dem verschiedenen Einfallen der S-Klüfte (*dunkelgrau*) und der L-Klüfte (*hellgrau*) ergibt sich bei etwa gleichbleibend Südwest–Nordost bis Westsüdwest–Ostnordost gerichteten Q-Klüften (*mittelgrau*) ein Gewölbe, dessen nordwest–südoststreichende Achse zwischen den beiden mittleren Bergen verläuft.

12. Korngefüge-Analyse

Mit Hilfe der Korngefüge-Analyse wird untersucht, ob die gesteinsbildenden Mineralien eine Regelung besitzen und welche Folgerungen sich aus den Ergebnissen für die Gesteinsbildung und für die tektonischen Verhältnisse ableiten lassen.

Von der Hauptgesteinsausbildung aller vier Berge wurden orientierte Handstücke entnommen und in davon angefertigten orientierten Dünnschliffen die räumliche Lage der Hornblende-, Plagioklas-, Quarz- und Kalifeldspatkristalle mit Hilfe eines U-Tisches unter dem Mikroskop bestimmt.

Zur Einmessung kamen die optischen Symmetrieachsen X, Y und Z, wobei jeweils die Werte für eine Achse aus zwei Messungen konstruiert wurden. In den Gefügediagrammen gelangte in erster Linie Z zur Darstellung, welches am besten mit der kristallographischen Achsenrichtung c, bei den Feldspaten mit der b-Achse in Beziehung zu setzen ist. Soweit es die Auswertung erfordert, wurde auch die Lage von X in Diagrammen (Abb. 17) dargestellt.

Die Z-Achse von Hornblende entspricht annähernd der kristallographischen c-Achse ($Z \Lambda c = 16°$). Bei den Plagioklasen, deren mittlerer Zusammensetzung Andesin (An_{35}) entspricht, kennzeichnet Z ungefähr die Senkrechte auf der 010-Fläche ($Z \Lambda b = 20°$). Für Quarz fällt die Z- und die c-Achse zusammen und bei Kalifeldspat (Orthoklas) stimmt Z mit der b-Achse überein, die senkrecht auf (010) steht.

Ausgewertet wurden mit Hilfe eines flächentreuen Netzes die Projektionen der Durchstoßpunkte der Linearen in der unteren Lagehalbkugel. Um den Vergleich der Besetzungsdichten zu erleichtern, kamen für jedes Diagramm 60 Messungen zur Auswertung. Diese Anzahl entspricht der Menge an Individuen, die für jede Mineralart mit einem nicht zu großen Zeitaufwand in sechs stets paarweise senkrecht zueinander orientierten Dünnschliffen eingemessen werden kann.

Zur Charakterisierung der Gefügediagramme werden an Stelle der bisher verwendeten Bezeichnungen von Cloos (S-, Q- und L-Flächen) die tektonischen Koordinaten *a*, *b* und *c* nach Sander eingeführt. Die Ebene der S-Klüfte ist in dieser Definition die *ab*-Ebene, auf der die *c*-Richtung senkrecht steht. Die Richtung *b* gibt das tektonische Streichen an.

Die Auswertung der Korngefügemessungen ergibt:

Mit überraschender Deutlichkeit zeigen die vier Gefügediagramme (Z-Achsendiagramme) jedes Berges ein Ansteigen der maximalen Besetzungsdichte innerhalb der Mineralfolge Hornblende-Plagioklas-Quarz-Kalifeldspat (s. Abb. 15). Hornblende ist schwach geregelt, in den Plagioklasdiagrammen ist eine Regelung besser zu erkennen und über Quarz erreicht die Regelungsintensität in jedem Fall bei Kalifeldspat ihren Höchstwert. Der blastische Kalifeldspat als letzte Mineralneubildung stellt den am besten geregelten Gefügebestandteil dar.

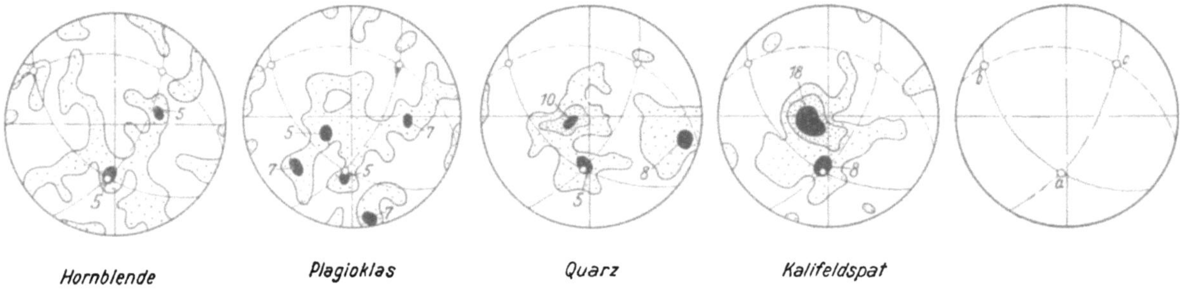

Abb. 15. Korngefügediagramme der Hauptgemengteile des Plowdiwits.
Dzendem Tepe. Je Diagramm 60 Messungen; Diagrammbereiche (0-2)-(2-5)-(5—8)-(über 8)%. Die maximalen Besetzungsdichten sind in Prozenten neben den entsprechenden Häufungen angegeben.
Mit überraschender Deutlichkeit zeigen die Z-Achsendiagramme der Hauptgemengteile des Plowdiwits im Bereich aller vier Berge ein Ansteigen der Besetzungsdichte innerhalb der Mineralfolge Hornblende–Plagioklas–Quarz–Kalifeldspat. Der Kalifeldspat ist als letzte Neubildung am straffsten geregelt (vgl. Abb. 16).

Es liegt nahe, in diesen Beziehungen eine Bestätigung für die aus petrographischen Befunden abgeleitete metasomatische Gesteinsentstehung zu sehen, denn in echten magmatischen Schmelzen weisen die Erstausscheidungen im allgemeinen die beste Regelung auf (v. Bubnoff 1950/51). Im Plowdiwit macht sich bei Hornblende der metamorphe Charakter des Ausgangsgesteins bemerkbar, welches in seiner am wenigsten veränderten Form als Hornblende-Plagioklas-Hornfels vorliegt. Die blastischen Neusprossungen im Zuge der Umwandlung des Hornfelses zu einem syenitartigen Gestein vollzogen sich gerichtet, wobei für das Wachstum die besten Wegsamkeiten innerhalb des Kornverbandes von wesentlicher Bedeutung gewesen sein werden.

In Abb. 16 sind die Z-Achsendiagramme der verschiedenen Mineralien für die vier Berge dargestellt und zur Ergänzung ist jeweils das entsprechende Kluftdiagramm beigefügt. In die einzelnen Diagramme sind die Großkreise der *ab*-, *ac*- und *bc*-Flächen des Gefüges eingetragen mit der Lage der Gefügekoordinaten *a*, *b* und *c* nach Sander.

Für *Hornblende* ist die Einstellung der kristallographischen c-Achse typisch, deren Lage annähernd der unter dem U-Tisch eingemessenen Z-Achse entspricht. Maxima (über 5%) liegen in allen vier Diagrammen in der Nähe von *b* oder *a* des Gefüges, wobei die Besetzungsfelder (bis 5%) in *ab* und *ac* gestreckt sind.

Bei den *Plagioklasen* (An_{35}) wird die Lage der 010-Fläche zur Charakterisierung der Regelung herangezogen, auf der die Z-Achse annähernd senkrecht steht. Die höchsten Be-

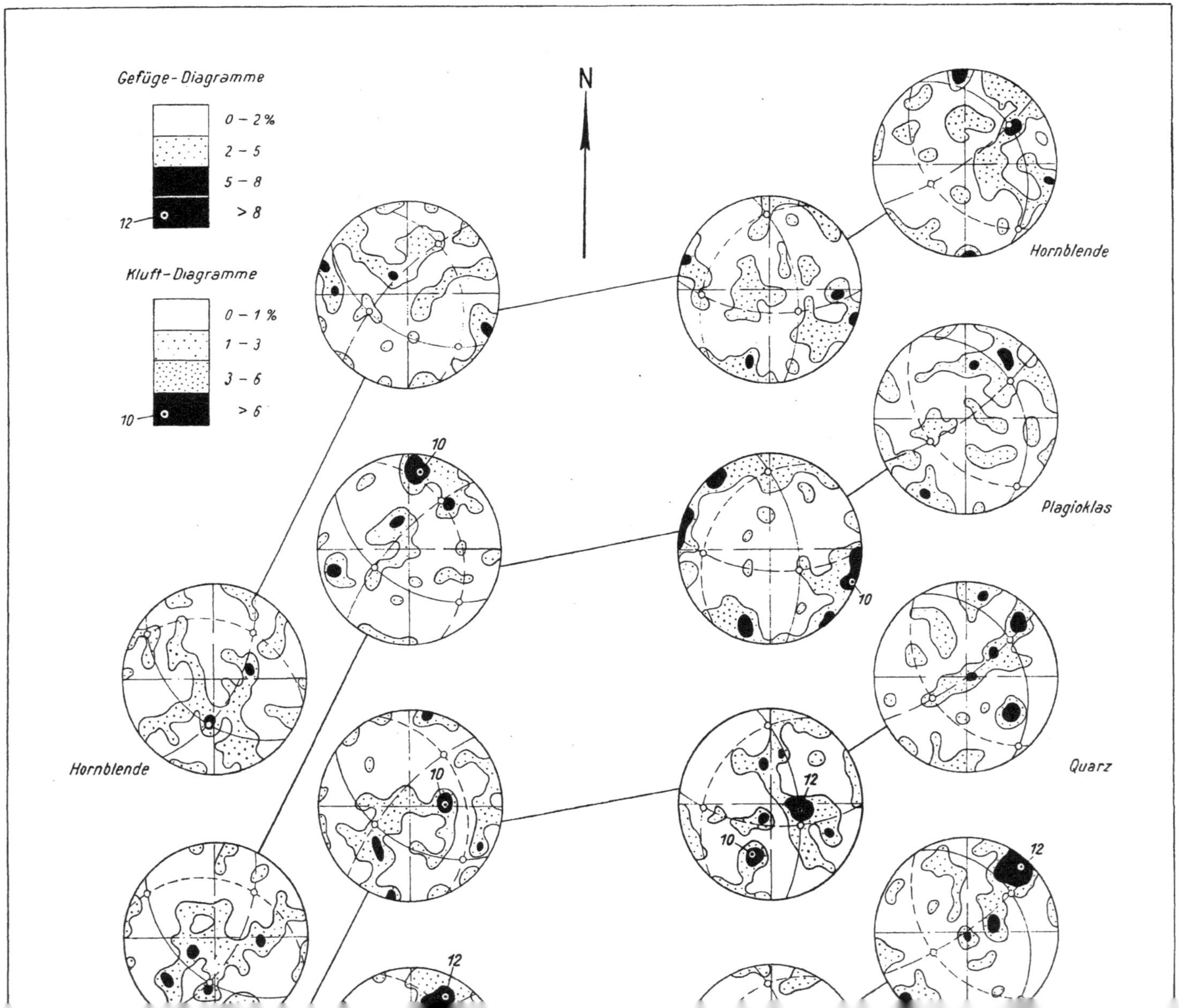

Gefüge-Diagramme
0 – 2 %
2 – 5
5 – 8
> 8
12
Kluft-Diagramme
0 – 1 %
1 – 3
3 – 6
> 6
10
N
Hornblende
Plagioklas
Quarz
Hornblende
10
12

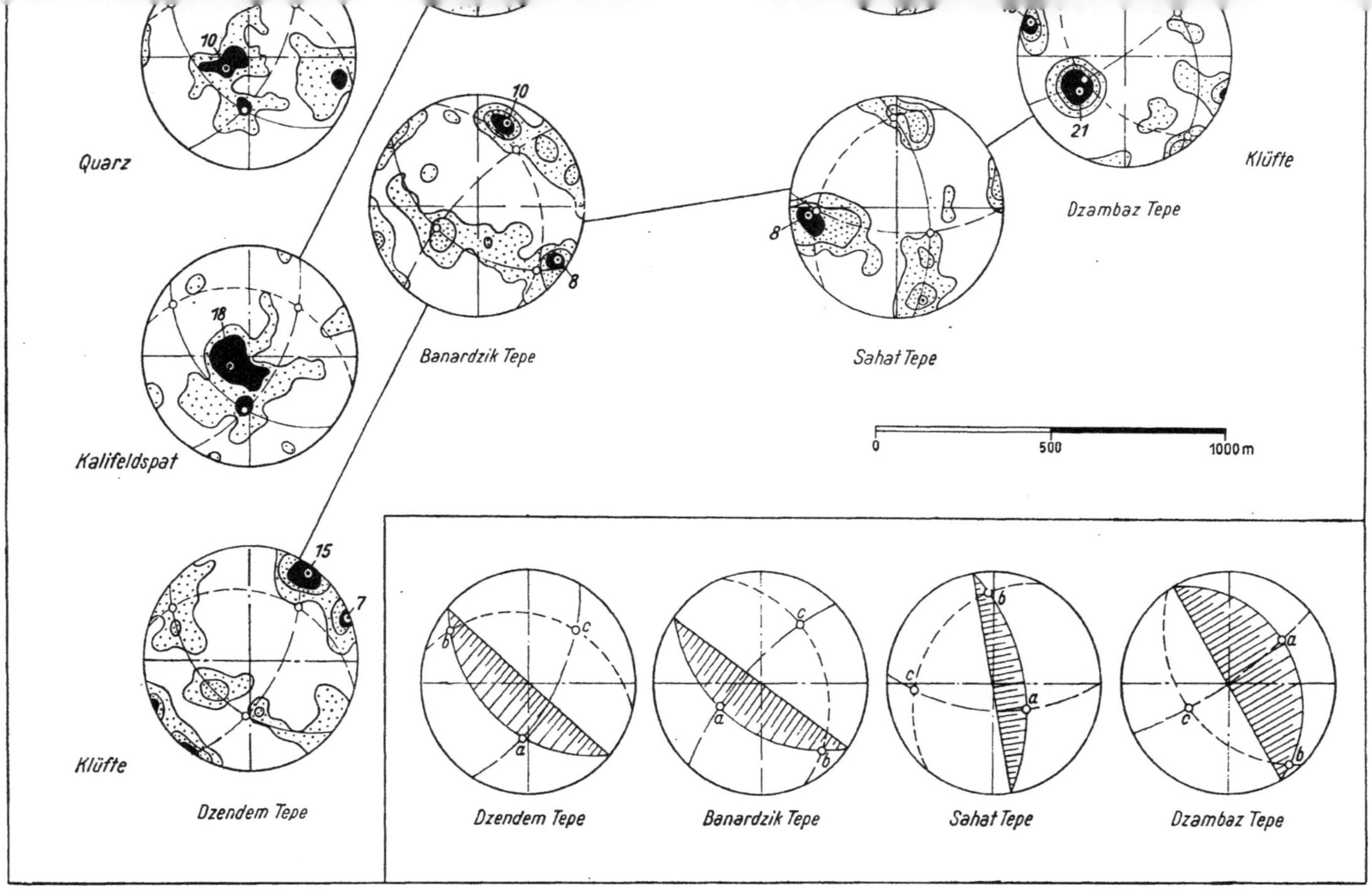

Abb. 16. Korngefügediagramme (Z-Achsendiagramme) des Plowdiwits.

Für jedes Korngefügediagramm wurden 60 Messungen verwendet. Die Anzahl der Messungen, die in den einzelnen Kluftdiagrammen enthalten sind, können Abb. 13 entnommen werden.

Die Z-Achsen der Hornblende zeigen nur eine schwache Regelung. Die Z-Achsen der Plagioklase (An_{35}) folgen bevorzugt der tektonischen Koordinate *a*. Die 010-Flächen liegen demnach in *bc*. Die Z=c-Achsen der Quarze sind in *a* geregelt. Die straffste Orientierung weisen die blastischen Kalifeldspate auf, deren 010 Flächen die *bc*-Ebene des Gefüges bevorzugen, d. h. die Richtung, der die L-Klüfte der Klufttektonik folgen.

setzungsdichten (10%) treten in den Diagrammen der beiden mittleren Berge auf und zwar im Diagramm des Banardzik Tepe in Maximabereichen, die eine Einregelung von (010) in *ab* des Gefüges anzeigen. In den zwei äußeren Bergen ist die Regelung nicht so kräftig (unter 6%). Die 010-Flächen der Plagioklase bevorzugen hier die *bc*-Ebene, das heißt, die Z-Achse liegt ungefähr in *a* des Gefüges. Eine Gürtelbildung in *ac* ist in den Diagrammen angedeutet.

In allen *Quarz*-Diagrammen sind Häufungen der Z=c-Achsen um *a* des Gefüges vorhanden. Die höchsten Besetzungsdichten liegen bei 12%. Gürtelbildungen in *ac* und *ab* sind angedeutet. Die von SANDER in Übereinstimmung mit verschiedenen Autoren mit römischen Zahlen benannten persistenten Maxima sind zum Teil zu erkennen. So treten neben dem sehr deutlichen Maximum I (c in *a*) noch die Maxima II, IV und untergeordnet VIII auf.

Die Regelungsintensität des *Kalifeldspates* ist — bezogen auf die Regelungsstärke der anderen gesteinsbildenden Mineralien — am kräftigsten. Die höchsten Besetzungen erreichen 18%. In bzw. um *a* des Gefüges liegen in allen Diagrammen zum Teil stark besetzte Maxima der Z=b-Achsen. Das bedeutet, daß die 010-Flächen der Orthoklase in der *bc*-Ebene des Gefüges liegen. Im Diagramm des Banardzik Tepe ist eine stark besetzte Häufung in *c* des Gefüges vorhanden, ein Teil der 010-Flächen liegt somit in *ab*. Dieselbe Beobachtung konnte in dem entsprechenden Plagioklasdiagramm gemacht werden. Gürtelbildungen in *ac* und *ab* werden durch die Besetzungsfelder bis 5% angezeigt.

Die Deutung der Gefügediagramme soll nicht bis ins Einzelne durchgeführt werden, da einmal die Anzahl der Messungen, die zu einen Diagramm vereinigt wurden, relativ gering ist und weiterhin über Hornblende und Feldspatregelungen noch wenig Beobachtungen, besonders an Gesteinen der angenommenen Entstehungsart, vorliegen.

Die hier nur schwache Einregelung der Z-Achsen der Hornblenden in die *ab*-Ebene des Gefüges ist aus der Literatur unter anderem als Wachstumsregelungs in *s* mit Bevorzugung einer bestimmten Richtung (hier *a* bzw *b*) bekannt. Die deutliche Häufung der Z=c-Achsen der Quarze in *a* des Gefüges entspricht dem als γ-Regel bezeichneten Regelungstyp, der hier in Verbindung mit anderen Maxima (II, IV und VIII) auftritt. Auffällig ist die Einordnung der 010-Flächen der Feldspate in die *bc*-Gefügeebene (Z in *a*). Sie ist bei den Kalifeldspaten in allen Diagrammen vorhanden, in den Plagioklasdiagrammen herrscht sie nicht überall vor.

Die blastischen Feldspate besitzen im Gegensatz zu Hornblende und Quarz, die in der Regel keine Umrißformen mit einer ausgeprägten Längsachse haben, oft eine deutlich taflige Ausbildung nach (010). Unter dem U-Tisch wurde bei dem Einmessen der Indikatrixachsen die Länge der Kristalle im Anschnitt in Richtung X, Y und Z bestimmt. Dabei zeigt es sich, daß die Plagioklase in (010) nach Y gestreckt sind. Es überwiegen jedoch kurztaflige Umrisse, das heißt, die Länge in Y ist nicht sehr viel größer als die in X. Die Längenmessungen in Z ergaben stets den kleinsten Wert.

Ähnlich liegen die Größenverhältnisse bei Kalifeldspat. Die Individuen sind ebenfalls taflig nach (010). Der Durchmesser parallel Z ist immer am kleinsten. Eine Streckung der 010-Flächen in X ist wahrnehmbar, es überwiegen jedoch — wie bei den Plagioklasen — kurztaflige Formen. Die Gestalt der meist nicht durch kristallographische Flächen begrenzten blastischen Kalifeldspate wird am besten durch die Verhältnisse der Anschnittlängsachsen zueinander charakterisiert. Es verhalten sich die Längen in Richtung X:Y:Z etwa wie 10:8:3.

Die Z-Achsendiagramme ergaben für die Feldspate eine Regelung nach der 010-Fläche. Um eine Regelung der Achsen der 010-Flächen nachzuweisen, wurden die X-Achsen, die bei den Feldspaten bis auf etwa 5° mit der kristallographischen a-Achse übereinstimmen, in Diagrammen zur Darstellung gebracht (Durchstoßpunkte in der unteren Halbkugel).

In Abb. 17 sind die Z- und X-Achsendiagramme der Feldspate für die vier Berge einander gegenübergestellt.

Die Auswertung der Z-Achsendiagramme ergab für die Plagioklase (s. oben), daß die 010-Flächen mit einer gewissen Bevorzugung in der *bc*-Ebene des Gefüges liegen (Z in *a*). In den X-Achsendiagrammen ist innerhalb des *bc*-Gürtels im Diagramm des Dzendem Tepe eine Maximahäufung um *c* des Gefüges vorhanden. In der untersuchten Probe des benachbarten Berges, des Banardzik Tepe, liegt eine Besetzung bis 10% nahe *b* und im Diagramm des Dzambaz Tepe liegen Maxima auf einem Kleinkreis um *b*. Im Diagramm des Sahat Tepe tritt eine Häufung nahe *a* auf.

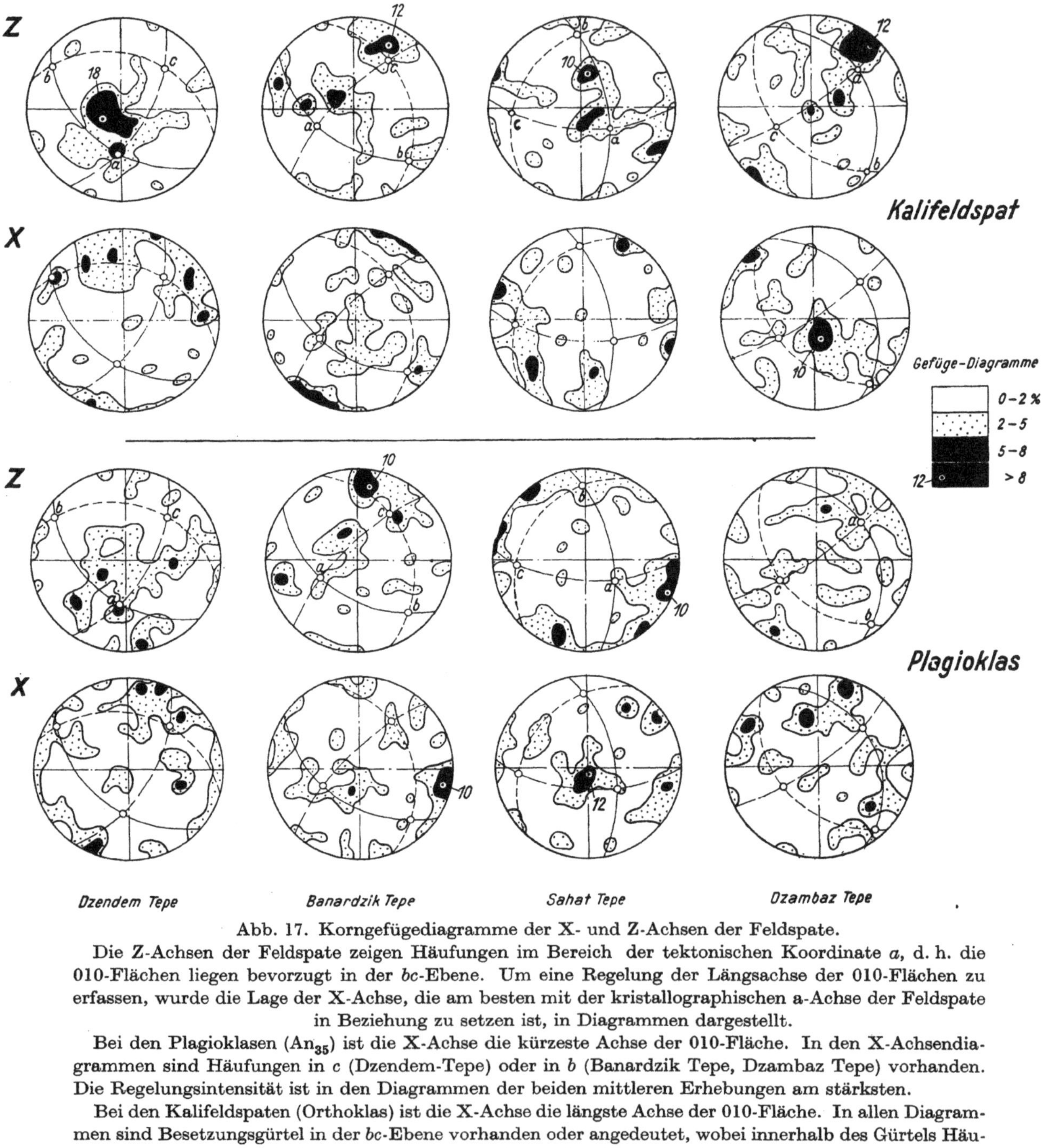

Abb. 17. Korngefügediagramme der X- und Z-Achsen der Feldspate.

Die Z-Achsen der Feldspate zeigen Häufungen im Bereich der tektonischen Koordinate *a*, d. h. die 010-Flächen liegen bevorzugt in der *bc*-Ebene. Um eine Regelung der Längsachse der 010-Flächen zu erfassen, wurde die Lage der X-Achse, die am besten mit der kristallographischen a-Achse der Feldspate in Beziehung zu setzen ist, in Diagrammen dargestellt.

Bei den Plagioklasen (An_{35}) ist die X-Achse die kürzeste Achse der 010-Fläche. In den X-Achsendiagrammen sind Häufungen in *c* (Dzendem-Tepe) oder in *b* (Banardzik Tepe, Dzambaz Tepe) vorhanden. Die Regelungsintensität ist in den Diagrammen der beiden mittleren Erhebungen am stärksten.

Bei den Kalifeldspaten (Orthoklas) ist die X-Achse die längste Achse der 010-Fläche. In allen Diagrammen sind Besetzungsgürtel in der *bc*-Ebene vorhanden oder angedeutet, wobei innerhalb des Gürtels Häufungen in *b* oder *c* des Gefüges zu beobachten sind. Die Regelungsintensität erreicht nicht die Stärke der entsprechenden Z-Achsendiagramme.

Die kürzeste Achse (X) der 010-Fläche der Plagioklase liegt demnach meist in *b* oder in *c* des Gefüges, die längste Achse (Y) entsprechend senkrecht dazu.

Etwas ausgeprägter sind die Regelungsverhältnisse der X-Achsen bei Kalifeldspat, dem am besten geregelten Mineral. Aus den Z-Achsendiagrammen ergibt sich, daß die 010-Flächen die *bc*-Ebene des Gefüges bevorzugen. In den X-Achsendiagrammen sind in allen vier Bereichen in *bc* Besetzungsgürtel vorhanden oder angedeutet, wobei Häufungen der X-Achsen, — der längsten Achsen des Kalifeldspates — in *b* zum Teil auch um *c* des Gefüges zu beobachten sind. Die Regelungsintensität erreicht nicht die Stärke wie in den entsprechenden Z-Achsendiagrammen.

Vergleicht man die korngefügeanalytisch gewonnenen Ergebnisse mit denen der klufttektonischen Untersuchungen, so zeigt sich, daß die L-Klüfte den bevorzugt mit (010) in *bc* eingeregelten Feldspaten parallel laufen (s. Bild 7). Die Paralleltextur der Feldspate kennzeichnet somit in der Regel nicht die S-Flächen der Klufttektonik.

Eine beste Wegsamkeit während des Wachstums der bis zu 80% an der Gesteinszusammensetzung beteiligten Feldspate ist somit für die *bc*-Ebene anzunehmen. Das ist eine Fläche, senkrecht zu der bei Gewölbebildungen Zugspannung zu erwarten sind.

Eine weitere Beobachtung spricht für das Bestehen eines Gewölbes. Den Diagrammen in Abb. 16 (rechts unten) ist zu entnehmen, daß die *b*-Achse des Gefüges in allen vier Bereichen annähernd horizontal verläuft. Das Gewölbe ist somit nicht schief angeschnitten. Aus diesem Grunde wird man in Richtung auf die beiden mittleren Berge — zwischen denen der Gewölbescheitel verläuft — aus randlich näheren in innere Teile des Gewölbes kommen. Bestätigt wird diese Überlegung durch Geländebeobachtungen. Am Dzendem Tepe, dem südwestlichsten Berg und am Dzambaz Tepe, dem nordöstlichsten Berg, sind Einschlüsse und Schlieren häufiger als in den beiden mittleren Erhebungen. Nach Nikolow (1939) waren im Grab des Marco — einem Teil des Dzambaz Tepe, der dem Steinbruchsbetrieb zum Opfer gefallen ist — größere zusammenhängende schlierige bis einschlußartige Bildungen aufgeschlossen, in denen eine schieferige Textur zu erkennen war.

13. Jüngere Bewegungen

Junge Störungszonen sind im Gelände nur sehr vereinzelt zu beobachten. In ihrem Bereich ist das Gestein auf etwa 5—20 cm zerbrochen und zerrieben.

In Abb. 18 ist die Lage der beobachteten Störungszonen (Mylonitzonen) für die einzelnen Berge in Diagrammen widergegeben. Da sie nur spärlich auftreten, ist eine Gesetzmäßigkeit nicht deutlich ablesbar. In den beiden südwestlichen Diagrammen wird von den Bewegungen die Nordwest–Südost-Richtung bevorzugt. Diese Störungen folgen im Verlauf also der Gewölbelängsachse. Die Flächen stehen in der Regel steil (vgl. Sammeldiagramm „Mylonitzonen“ in Abb. 18).

Anzeichen von Bewegungen starrer Gesteinsverbände gegeneinander sind ferner Harnischrillungen. In Abb. 18 sind in den Diagrammen die Lagen der Kluftflächen, auf denen Harnischrillungen zu finden sind, durch Kreuze dargestellt (Durchstoßpunkte der Flächennormalen). Die Harnischrillungen sind auf ebenfalls Nordwest–Südost verlaufenden Flächen vorhanden, wobei diese im Bereich des Dzendem Tepe steil nach Südwesten, in den anderen Gebieten jedoch nach Nordosten fallen. Im Diagramm des Banardzik Tepe ist der Wechsel in der Fallrichtung abzulesen.

Es werden somit nordwest-südoststreichende Kluftflächen unterschiedlichen tektonischen Charakters (in der Regel S-Flächen, im Bereich des Dzambaz Tepe L-Flächen) als Gleitbahnen benutzt.

Die Harnischrillung (Durchstoßpunkte der Linearen) verläuft in den beiden südwestlichen Bergen Nordwest-Südost. In den beiden nordöstlichen Erhebungen ist noch eine Nord-

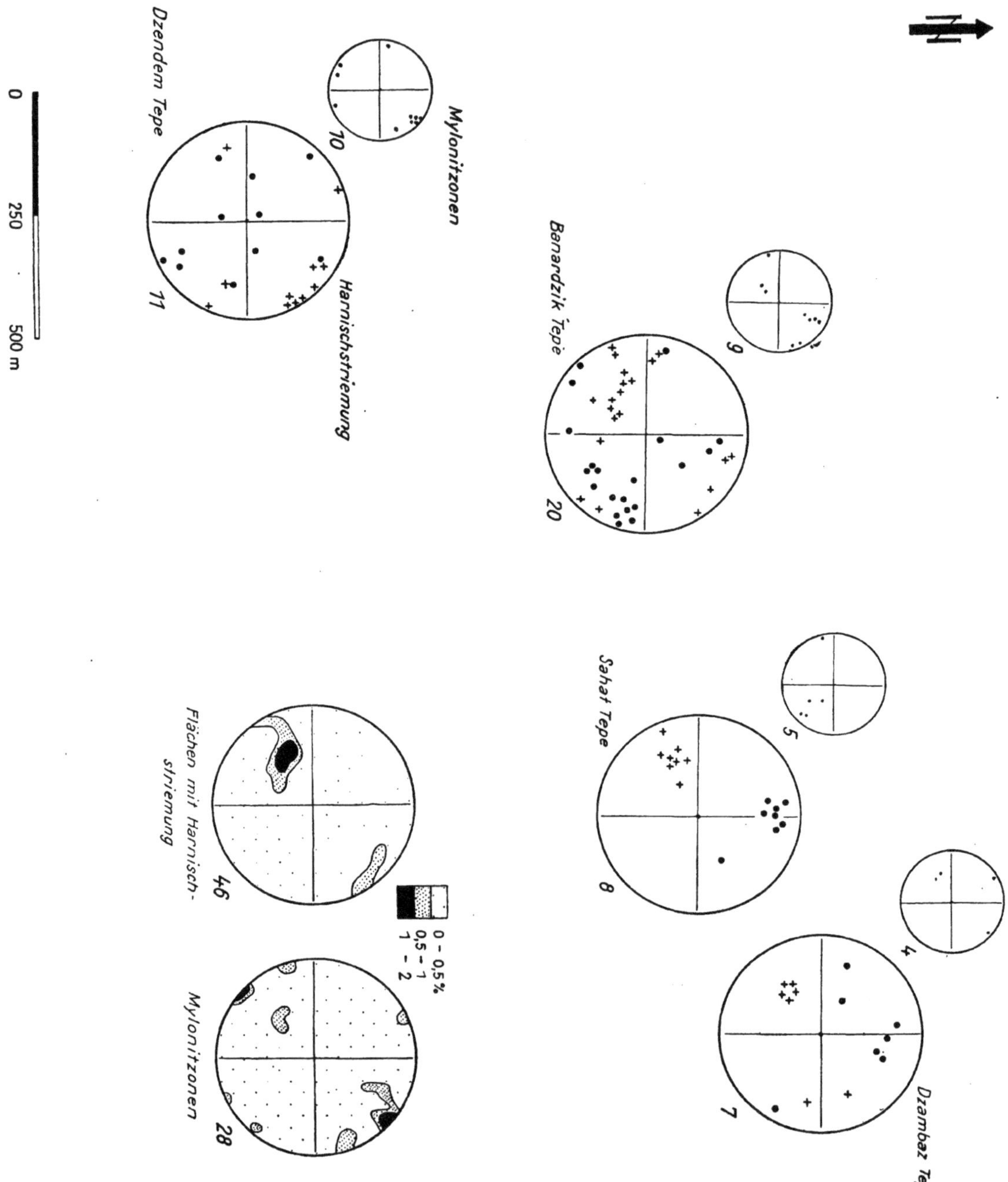

Abb. 18. Anzeichen jüngerer Bewegungen im Bereich des Plowdiwits.
Die bis 30 cm mächtigen, jedoch nur vereinzelt auftretenden Beanspruchungszonen (*Mylonitzonen*) im Plowdiwit streichen steil Nordwest–Südost. Die Flächen, die Harnischrillungen aufweisen (die Durchstoßpunkte der Flächennormalen sind in den Diagrammen durch *Kreuze* gekennzeichnet) verlaufen ebenfalls Nordwest–Südost, wobei der Fallwinkel vom Dzendem Tepe zum Dzambaz Tepe flacher wird. Die Durchstoßpunkte der Rillungen selbst (*Punkte* in den Diagrammen) weisen auf flache Bewegungen in nordwest–südöstlicher bis nord–südlicher Richtung.

Süd gerichtete Harnischrillung vorhanden. Überwiegend fallen die Bewegungsspuren flach ein und sind der gefügetektonische Koordinate *b* parallel orientiert. Die die Rillung erzeugenden Bewegungen sind demnach mehr oder weniger horizontal gerichtet gewesen. Schollenkippungen um horizontale Achsen sind daraus nicht abzuleiten.

Das wechselnde Einfallen der S-Klüfte, welches den Gewölbebau am deutlichsten widergibt, allein auf Schollenverkippungen zurückzuführen, ist unter Berücksichtigung aller Beobachtungen nicht möglich.

Bewegungen dauern bis in die jüngste Zeit an. So erfolgte am 18.4.1928 ein tektonisches Beben von der Stärke 10, das Plowdiw zu 60% zerstörte (GELLERT 1928). Die Hauptachse des Schüttergebietes verläuft dem Rand der Rhodopen — bezogen auf das Gebiet von Plowdiw der festgestellten Gewölbelängsachse — parallel. In der Nähe von Plowdiw bildeten sich Spalten, an denen Vertikalverschiebungen bis zu 2 m festgestellt wurden.

Auf Vertikalbewegungen wird auch die unterschiedliche Höhe der Erhebungen zurückzuführen sein, die von Südwesten (Dzendem Tepe 283 m) nach Nordosten (Dzambaz Tepe 200 m) abnimmt.

14. Schlußbetrachtung

Viel syenitische und syenitartige Gesteine zeigen eine Beziehung zu weitreichenden Störungslinien, zu Lineamenten im Sinne von STILLE. So ist das hier beschriebene Gestein mit der Narbenlinie von Marica in Zusammenhang zu bringen, die die nordvergente Srednogorie (Sredna Gora) von dem südvergenten Rhodopegebiet trennt (BONČEV 1946). Vielleicht ist in diesen tiefreichenden Störungszonen der Aufstieg einer Wärmefront, der in diesem Fall zur Entstehung des Plowdiwits (Hornblendemangerits) führte, leichter möglich als in Gebieten, die nicht von einer tiefgreifenden Störung durchsetzt werden.

Von WOLFF (1951) betont, daß die Syenite „wohl in den seltensten Fällen durch Differentation allein entstanden, sondern Migmatite oder anatektische, also paläogene Magmen, ja sogar durch Kali- oder Natronionenzufuhr metasomatisch in situ veränderte Altbestände“ darstellen. Das untersuchte Gestein von Plowdiw wäre ein Beispiel für ein durch Alkalizufuhr metasomatisch am Ort umgewandeltes Ausgangsgestein.

15. Zusammenfassung

Das syenitartige Gestein von Plowdiw — in seiner petrographisch seltenen Zusammensetzung am besten durch den Lokalnamen „Plowdiwit“ (Hornblendemangerit) zu kennzeichnen — ist kein echtes magmatisches Gestein. Es entstand durch eine Temperaturerhöhung unter Zufuhr von Alkalien und Abgang von Kalkalkalien aus einem vielleicht sedimentären Gestein, welches in seiner am wenigsten veränderten Form als Hornblende-Plagioklas-Hornfels vorliegt. Die metasomatischen Umwandlungen beruhen im wesentlichen auf einem Hornblendeabbau, einer Plagioklas- und einer nachfolgenden Kalifeldspatblastese. Am Ende der Gesteinsentstehung waren p-t-Bedingungen erreicht, die denen einer ausklingenden Magmaerstarrung entsprechen.

Beim Rückgang der Isothermen bildete sich ein Kluftsystem heraus, welches ein Gewölbe widerspiegelt, das in Nordwest–Südostrichtung gestreckt ist. Als Ursache der Gewölbebildung wird eine Volumenzunahme des Ausgangsgesteins im Laufe der Umwandlung angesehen. Die Korngefügeuntersuchungen über die räumliche Lage sämtlicher Hauptgemengteile (Hornblende, Plagioklas, Quarz und Kalifeldspat) bestätigen die petrographisch und klufttektonisch gewonnenen Ergebnisse. Junge Störungen folgen vorzugsweise der Nordwest–Südost streichenden Gewölbelängsachse.

16. Literaturangaben

Barth, T. F. W.: The feldspar geologic thermometers. Neues Jb. Min. Abt. A, **82**, S. 143—154. Stuttgart 1951

Becke, F.: Petrographische Studien am Tonalit des Riesenferner. Tschermaks Min. u. Petr. Mitt. N. F. **XIII**, S. 377. Wien 1892

Bončev, E.: Über die Narbenlinien in dem alpinen Bau der Balkanhalbinsel. Geologica balkanica **IV**, 1, S. 13—27. Sofia 1946

Boué, A.: Esquisse géologique de la Turquie d'Europa. 1840

Bubnoff, S. v.: Strukturelle Analyse von Plutonen. Unveröff. Vorles. Manuskr., 145 S., Geol. Inst. d. Humboldt-Univ. Berlin. Berlin 1950/51

Dimitroff, Str.: Geolžki i petrografski izučvanija v jugoistočnite otdeli na Vitoša . . . An. Univ. Sofia **30**, 3. Sofia 1934

Dimitroff, Str.: Ergebnisse und Probleme der petrographischen Forschungen in Bulgarien. Ann. de l'Univ. Sofia, physik.-math., **35**, 3, S. 225—253. Sofia 1939

Gellert, J. F.: Die bulgarischen Erdbeben im Frühjahr 1928. Natur u. Museum (Senckenberg. Naturforsch. Ges.) **12**, S. 557—568. Frankfurt a. M. 1928

Gellert, J. F.: Mittelbulgarien. Das kulturgeographische Bild der Gegenwart. Neue Deutsch. Forsch. **124**. Berlin 1937: Junker u. Dünnhaupt Verlag

Hochstetter, F. v.: Die geologischen Verhältnisse des östlichen Teiles der europäischen Türkei. Jb. k. k. Geol. Reichsanst. **XX**, S. 424. Wien 1870

Johannsen, A.: A descriptive petrography of the igneous rocks. II, 428 S. Chicago (The university of chicago press) 1952

Köhler, A.: Erscheinungen an Feldspaten in ihrer Bedeutung für die Klärung der Gesteinsgenesis. Tschermaks Min. u. Petrogr. Mitt., 3. Folge, **I**, 1, S. 51—67. Wien 1948

Mehnert, K. R.: Petrographie und Abfolge der Granitisation im Schwarzwald. II. Neues Jb. Mineral. Abh. **90**, 1, S. 39—90. Stuttgart 1957

Niggli, P.: Gesteine und Minerallagerstätten. 1, 540 S., Basel 1948: Verlag Birkhäuser

Nikolow, N.: Der Syenit von Plowdiw. Arb. Bulg. Naturforsch. Ges. **15—16**, Sofia 1932

Oertel, G.: Der Pluton von Loch Doon in Südschottland. Geotekt. Forsch. **11**, S. 1—83. Stuttgart 1955

Pelz, A.: Über das Rhodope-Randgebirge südlich und südöstlich von Tatar Pazardžik. Jb. k. k. Geol. Reichsanst. **XXIX**, S. 69—78. Wien 1879

Petraschek, W.: Die Erzlagerstätten des Rhodope und Strandscha-Gebirges im südöstlichen Bulgarien. Berg- u. Hüttenmänn. Jb. **79**, S. 124. Leoben 1931

Petraschek, W. E.: Gebirgsbildung, Vulkanismus und Metallogenese in den Balkaniden und Südkarpathen. Fortschr. Geol. u. Paläontol. **XIV**, 47, S. 144—149. Berlin 1942

Rozlozsnik, P.: Zur systematischen Stellung des „Syenit"s von Plowdiw. Zeitschr. Bulg. Geol. Ges. **XI**, S. 29—37. Sofia 1939

Sander, B.: Einführung in die Gefügekunde der geologischen Körper. 1 u. 2, Wien u. Innsbruck 1955: Springer-Verlag

Sanner, H.: Beiträge zur Geologie der Balkan-Halbinsel. Zeitschr. Deutsch. Geol. Ges. **XXVII**, S. 496. Berlin 1885

Tröger, E.: Spezielle Petrographie der Eruptivgesteine. 360 S. Berlin 1935: Verlag Deutsch. Mineralog. Ges.

Tröger, E.: Tabellen zur optischen Bestimmung der gesteinsbildenden Minerale. 147 S., Stuttgart 1952: E. Schweizerbart'sche Verlagsbuchhandlung

Viquesnel, A.: Voyage dans la Turquie d'Europe. Géologie 2, S. 183 et 361. 1868

Wenk, E.: Berechnung von Stoffaustauschvorgängen. Schweiz. Min. u. Petrogr. Mitt. **34**, S. 309—318, Zürich 1954: Verlag Leemann

Wolff, F. v.: Gesteinskunde. Die Eruptivgesteine. 265 S. Pößneck 1951: Rudolf A. Lang Verlag

17. Fremdsprachige Zusammenfassungen

The „syenite“ of Plodiv (Bulgarian)

Günter Möbus

The syenite-like rock of Plovdiv — owing to its petrographically rare composition to be designed most adequately by the local name plovdivite — is no genuine magmatic rock. It was formed by rise of temperature under supply of alkalies and the loss of calc-alkalies from a rock existing in its least modified form in the investigation range as hornblende-plagioclase-hornfels. The metasomatic transformations base in their essence on a decomposition of hornblende, a plagioclase blastesis and a subsequent potash feldspar blastesis. At the end of the formation of the rock p-t-conditions were reached which correspond to those of a vanihsnig magma soldification.

With returning isotherms a joint-system reflecting an anticlinal stretched in north west-south east direction. The cause of the anticlinal formation is supposed to be an increase in volume of the original rock in the course of the transformation. The grain structure investigation concerning the local position of all principal components of the mixture (hornblende, plagioclase, quartz, and potash feldspar) confirm the results obtained from a petrographical and joint-tectonic point of view. Young disturbances follow preferably the longitudinal axis of the anticlinal running from north west to south east.

La „syénite“ de Plovdiv (Bulgarie)

Günter Möbus

La roche de Plovdiv similaire au syénite — dans sa composition pétrographiquement rare à désigner au mieux par le nom local de plovdivite — n'est pas une vraie roche magmatique. Par l'addition d'alcalis et la perte d'alcalis calcaires elle a été formée par une augmentation de la température d'une roche existant dans sa forme au moins modifiée dans la gamme de recherches comme hornblende-plagioclase-hornfels. Les transformations métasomatiques sont basées essentiellement sur une décomposition de la hornblende, une blastèse de plagioclase et d'une blastèse de feldspath potassique subséquente. A la fin de la formation de la roche on a obtenu des conditions p-t correspondant à celles d'une consolidation de magma.

A la perte des isothermes s'est formé un système de fissures réflétant un anticlinal étendu en direction nord-ouest sud-est. Une augmentation du volume de la roche originale au cours de la transformation est considérée comme la couse de la formation des anticlinaux. Les recherches de la structure des grains concernant la position locale de tous les constituants principaux du mélange (hornblende, plagioclase, quartz et feldspath potassique) ont confirmé les résultats obtenus pétrographiquement et du point de vue de la tectonique des fissures. Les perturbations récentes suivent préférablement l'axe longitudinal des anticlinaux s'étendant en direction nord-ouest — sud-est.

„Сиенит" г—а Пловдива (Болгария)

Г. Мёбус

Сиенитоподобные породы г—а Пловдива, обозначаемые по петрографическому составу местным термином „пловдивитом", не являются настоящей магматической породой. Образование этой породы происходило в резчльтате повышения температуры, привноса щелочей и устроения известковых щелочей из предположительно осадочного происхождения породы, ранее существоващей в её мало изменённом виде как рогово-обманковый плагиоклазовый роговик. По существу метазоматические изменения данной породы заключается в сокращении количества роговой обманки, плагиоклазового бластеза и последующего бластеза калиевого полевого шпата. В конечной стадии образования породы существиовали условия температуры и давления, соответствующие уеловиям окончатвелтного застывания магматических пород.

При понижении изотерм образовалась система трещин, образующая свод, направленный с северо-запада на юго-восток. Причиной образования свода считается увеличение объёма материнской породы в процессе преобразования. Зерно-структурное исследование в пространственном положении всех главных составных частей (роговой обманки, плагиоклаза, кварца и щелочного полевого шпата) подверждает результаты, полученные петрографическими и структурными исследованиями. Молодые нарушения в сущности следуют продольной оси свода, направленной с северо-запада на юго-восток.

Bild 1. Blick auf Plowdiw mit seinen vier „Syenit“-Erhebungen. Im Vordergrund die Marica. Blickrichtung nach Südosten.

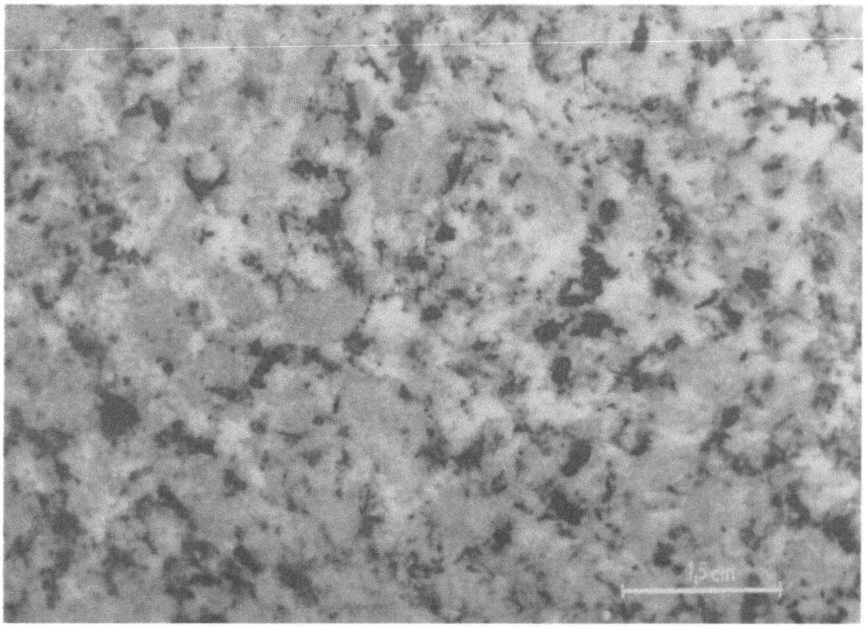

Bild 2. Der „Syenit“ von Plowdiw. Anschliffaufnahme.
Mit dem bloßen Auge ist Hornblende (dunkel), Plagioklas (hellgrau) und Kalifeldspat (grau) zu erkennen. Quarz kommt nur vereinzelt vor und kann auf dem Bilde nicht ausgeschieden werden.

TAFEL II

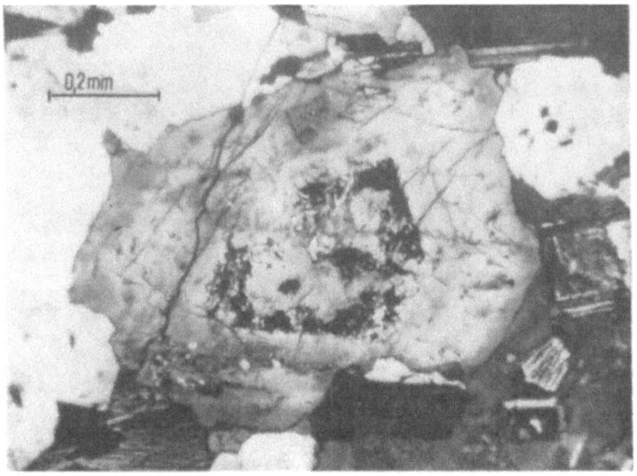

Bild 3. Plagioklas mit Mafitrelikten.
„Syenit“ von Plowdiw. Dünnschliffaufnahme, gekreuzte Nicols.

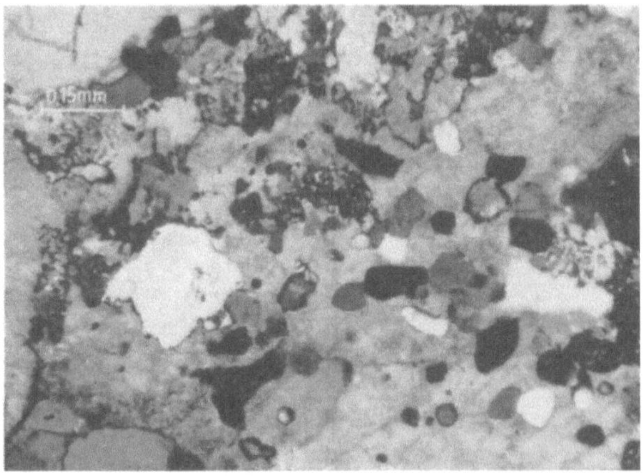

Bild 4. Reliktische Hornfelsbestände in blastischem Kalifeldspat (graue Grundmasse).
„Syenit“ von Plowdiw. Dünnschliffaufnahme, gekreuzte Nicols.

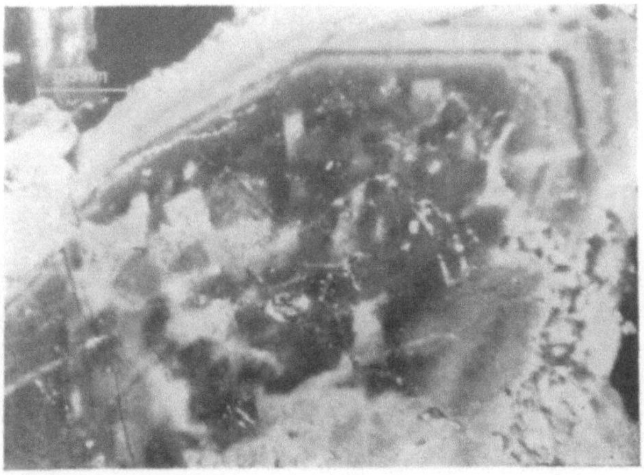

Bild 5. Plagioklas mit im Anorthitgehalt unterschiedlichen Innenbereichen. „Syenit" von Plowdiw. Dünnschliffaufnahme, gekreuzte Nicols.

Bild 6. Klüfte im „Syenit" von Plowdiw. Verlassener Steinbruch am Dzendem Tepe.
In Richtung der Bildebene verlaufen die Q-Klüfte. Der Blick folgt im Streichen den S-Klüften, die mit etwa 70° nach Südwesten fallen und den L-Klüften, die bei gleichem Streichen ungefähr 35° Nordost orientiert sind. Der Winkel zwischen den S- und L-Klüften weicht von 90° ab. Diese Beobachtung kann an allen vier Bergen gemacht werden.

TAFEL IV

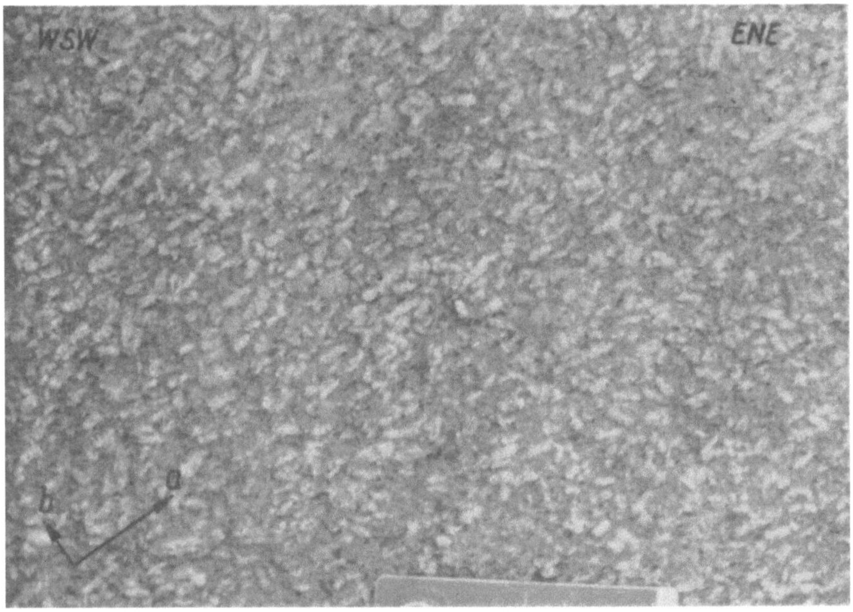

Bild 7. Parallelorientierte Kalifeldspate im „Syenit“ von Plowdiw.
Sahat Tepe. Blick auf eine *ac*-Fläche. Geländeaufnahme.
Die 010-Flächen der Orthoklase liegen bevorzugt in der *bc*-Ebene des Gefüges. Im Anschnitt nach *ac* (s. Bild) ist diese Regelung an der Parallelstellung der 001-Flächen besonders deutlich zu erkennen. Die b (Z)-Achse ist die kürzeste und die a (X)-Achse ist die längste Achse der blastischen Kalifeldspate.

Bei Fragen zur Produktsicherheit wenden Sie sich bitte an:
If you have any questions regarding product safety,
please contact:

Walter de Gruyter GmbH
Genthiner Straße 13
10785 Berlin
productsafety@degruyterbrill.com